技能名师传帮带

采油测试实用技巧

张希录　主编

石油工业出版社

内 容 提 要

本书主要阐述了采油测试基础知识、采油测试常见故障分析与处理、巧计绝活与技术革新三部分内容，涵盖了油田生产一线员工在生产中遇到的各类问题和常规技能操作，言简意赅，便于读者学习。

本书可作为油田开发系统采油工、集输工、采油测试工等工种的员工岗位培训、技能鉴定、技能大赛的参考用书，也可作为相关单位管理干部、技术人员了解掌握辖区内相关岗位员工日常操作项目的参考用书。

图书在版编目(CIP)数据

采油测试实用技巧 / 张希录主编.—北京：石油工业出版社，2018.1
(技能名师传帮带)
ISBN 978－7－5183－2227－5

Ⅰ.①采…　Ⅱ.①张…　Ⅲ.①油气测井　Ⅳ.①TE151

中国版本图书馆CIP数据核字（2017）第261831号

出版发行：石油工业出版社
(北京安定门外安华里2区1号楼　100011)
网　址：www.petropub.com
编辑部：(010)64523712　图书营销中心：(010)64523633
经　销：全国新华书店
印　刷：北京中石油彩色印刷有限责任公司

2018年1月第1版　2018年1月第1次印刷
880×1230毫米　开本：1/32　印张：4.625
字数：110千字

定价：32.00元
(如出现印装质量问题，我社图书营销中心负责调换)

《 采油测试实用技巧 》

编　委　会

序

大国工匠，匠心筑梦；彰显大国风范，托起巨龙腾飞。2016年，“培育工匠精神”被写进《政府工作报告》，这说明“工匠精神”已经得到了党和国家的高度重视。“大国工匠”的感人故事、生动实践表明，只有那些热爱本职工作、脚踏实地、尽职尽责、精益求精的人，才可能成就一番事业，才可望拓展人生价值。

“工匠精神”是一种热爱工作的职业精神。工匠的工作不单是谋生，并且能从中获得成就感和快乐，这也是很少有工匠会去改变自己所从事职业的原因。这些工匠都能够耐得住清贫和寂寞，数十年如一日地追求着职业技能的极致化，靠着传承和钻研，凭着专注和坚守，去缔造一个又一个的奇迹。培育“工匠精神”重在弘扬精神，不仅限于物质生产，还需各行各业培育和弘扬精益求精、一丝不苟、追求卓越、爱岗敬业的品格，从而提供高品质产品和高水准服务。

中国石油把“石油精神”和“工匠精神”巧妙融合，在整个石油石化系统有序推进“石油名匠”培育计划。这些“大国工匠”，基本都是奋斗在生产第一线的杰出劳动者，他们行业不同，专业不同，岗位不同，但他们有着鲜明的共同之处，就是心有理想，身怀绝技，敬业爱岗。通过“石油名匠”培育为高技能人才搭建平台，让沉心干事的企业工匠，得到应有的尊重和待遇，不仅需要个人的匠心独运，更需要营造一个企业乃至社会大环境的文化氛围，需要打造一个讲究品质、尊重知识、尊重人才的氛围。

为了更好地发挥高技能人才的引领带动作用，推动企业基层员工素质的整体提升，石油工业出版社策划出版《石油名匠工作室》《技能名师传帮带》等系列丛书，通过总结、宣传石油技师等高技能人才在工作中的使用技巧、窍门以及技术革新的方式、方法，提高石油一线员工操作水平，激发广大基层工作者的劳动兴趣，并促使一线员工主动提高自身劳动技能，提高劳动效率。不断深化岗位练兵、劳动竞赛、技术革新等群众性经济技术活动，为广大职工立足岗位开源节流、降本增效建载体搭平台创条件。

本系列丛书是一批技艺精湛、业绩突出、德艺双馨的技能领军人才的多年工作心得、体会、成果的经验总结，有必要在各个专业一线员工中大力推广。通过在各个专业领域充分发挥引领、示范作用，加强优秀技能人才典型事迹宣传，展现良好形象，推进操作技能人才队伍素质整体提升，让“石油精神”焕发新的光芒。大国工匠彰显大国风范，石油名匠托起巨龙腾飞。

中国石油天然气集团公司人事部
中国石油天然气股份有限公司人事部
总经理

2017 年

前　言

本书写作出发点是为了解决采油测试现场工作操作难题、减轻员工劳动强度和提高工作效率，在内容上具有较强的实用性。书中包括三部分内容，第一章采油测试基础知识，总结提炼出与生产现场密切相关的50个名词解释和20个问答题，以及采油测试安全注意事项和3221安全工作法；第二章采油测试常见故障分析与处理，从生产工作中常遇见的六个方面问题进行了总结，着重讲解故障产生的现象，分析故障产生的原因以及处理故障的方法，具有突出的实用性和规范性的特点。第三章中的31项巧计绝活与技术革新，它们来源于生产工作中又应用于生产中，与企业员工的工作息息相关，既为企业降低了成本又带来了经济效益。书中大部分内容为原创，内容叙述简明扼要、通俗易懂接地气，便于读者学习理解和掌握，具有较好的实用性。

由于编写人员水平有限，书中难免会有不当之处，敬请各位专家和广大读者批评指正。

目　录

第一章　采油测试基础知识

第一节　名词解释

1. 注入井

在油田开发过程中，为保持地层压力，用来向地层注入某中物质的井。如注水井、注聚井等。

2. 生产井

为开采油气而钻的井。

3. 正注

注入井从油管注入地层。

4. 反注

注入井从套管注入地层。

5. 合注

由油管和套管同时向地层注水。

6. 笼统注水

在同一压力下，不分层段地注入地层。

7. 油压

原油从井底流到井口后的剩余压力。

8. 分层测试

利用井下仪器和井下封隔，获得各个层段的分层压力、产量、含水和温度等同一井中不同油层资料的测试方法。

9. 注采比

油田注入剂地下体积与采出流体地下体积之比。

10. 注采平衡

油田注入剂地下体积与采出流体地下体积相等。

11. 开发方式

依靠哪种能量驱动进行和油田开发方式。可分为天然能量开发和人工补充能量开发。

12. 注水方式

注水井在油田上的分布位置和油水井的比例关系和排列形式。

13. 井网

油、气、水井在油田上排列和分布称为井网。

14. 三大矛盾

层间矛盾、层内矛盾、平面矛盾。

15. 层间矛盾

非均质多油层的油田开发，层与层之间的渗透率存在差异，注水开发后，在吸水能力、水线推进速度、地层压力、采油速度、水淹状况等方面，层与层之间产生了差异，这种差异称为层间矛盾。

16. 层内矛盾

在一个油层内部，由于组成油砂体颗粒不同，有大有小，因此渗透性也不相同，注水后，注入水沿阻力小的高渗透带突进，再加上地下油水黏度、表面张力、岩石表面性质的差异等，便形成了层内矛盾。

17. 平面矛盾

一个油层在平面上由于渗透率高低不同，连通性不同，使井网对油层控制情况也不同，注水后，水线在一个方向上的推进速度也不一样，有快有慢，促成同一油层井之间含水、产量、压力均不相同，这就构成了同一油层各井之间的差异，这种差异称为平面矛盾。

18. 单层突进

非均质多油层油田，各小层渗透率差别很大，注入水沿高渗透层推进速度快，这种现象称为单层突进。

19. 局部舌进

小层内部在平面上存在非均质性，各部位渗透率差别大，造成注入水的推进速度不一致，沿高渗透带推进快。这种现象称为舌进。

20. 渗透率

在一定压差条件下，岩石液体通过的能力，叫渗透性。渗透性的好坏用渗透率表示。

21. 原油的凝点

原油冷却到失去流动性时的温度称为原油的凝点。

22. 稳定试井

井底压力、流量不随时间变化的试井称为稳定试井。

23. 不稳定试井

井底流量随时间变化的试井称为不稳定试井。

24. 理论示功图

驴头只承受抽油杆柱和活塞截面以上液柱静载荷时，理论上得到的示功图。

25. 动液面

油井正常生产时，利用回声仪测得油套环形空间内液面到井口的距离。

26. 静液面

油井关井后，油套环形空间内液面高度不断上升，上升一定高度稳定下来套压无变化，这时所测得的油套环形空间内液面到井口的距离称为静液面。

27. 指示曲线

在稳定试井条件下，测得油、气、水井产量（注入量）与生产压差的关系曲线。

28. 采油指数

单位压差下的日产油量。

29. 注水指数

单位压差下的日注水量。

30. 泵效

抽油泵实际排量与理论排量的比值。

31. 封隔器

用来密封工作管柱与套管环形空间的工具。

32. 井下流量计

用于井下分层注入井（采出井），测试各生产层段注入量（采出量）的仪器。

33. 投捞器

在偏心分层测试（配产）的井中，用来拔投堵塞（配产）器的工具。

34. 堵塞（配产）器

与工作筒偏孔配合，用来调整堵塞（配产）液流大小变化的井下工具。

35. 振荡器

在测试过程中用来增加仪器冲击力的井下工具。

36. 加重杆

用来增加仪器重量的杆状工具。

37. 防喷管

安装在采油树测试阀门上，用来起下仪器时转换带压的工作管柱。

38. 试井车

安装测试绞车，为起下仪器提供动力的车辆。

39. 计数器

起下钢丝（电缆）用来计量长度的装置。

40. 微音器

将声信号转换成电信号的仪器。

41. “三有”

有计量装置、有张力指示装置、有明确分工。

42. 触电

电流通过人体与大地形成闭合回路。

43. 单相触电

人员触碰到火线上的触电。

44. 高空作业

凡超过基准面 2m（含 2m）以上的操作。

45. 危险因素

能对人造成伤害及物体损坏的因素。

46. 燃烧

易燃物在空气中受外界火源的作用，持续发光发热的现象。

47. 爆炸

物质在特定条件下迅速发生剧烈的化学或物理反应。

48. 事故

在生产生活中对人员及物资造成损害的事件。

49. “四不放过”

事故原因不清不放过，没有制定防范措施不放过，事故责任者没处理不放过，员工没有接受教训不放过。

50. 十字保养法

紧固、润滑、清洗、防腐、调整。

第二节　测试基础知识问答

1. 什么是测试?

测试是以渗流力学理论为基础，利用各种测试仪器，在油、气、水井各种工作状态下录取油层各种物理参数和油、气、水井生产数据，从而加深对油层的了解，为获得合理的油田开发设计和检验油、气、水井的工作状态提供依据。测试工作主要由测试仪器、工艺操作和测试资料的解释与研究三部分组成。

2. 测试的目的?

（1）通过测试资料了解油田各个油层特性，如判断油田开发方式、油水边界、地层结构及估算油气田储藏量等。

（2）通过测试资料可以判断油、气、水井的工作状况，判断油层间存在的问题，从而研究油层存在问题，改变油、气、水井的工作状况，提高油田最终采收率。

3. 测试可以解决的问题?

利用测试资料，可以解决以下 6 个方面的问题：

（1）确定油田各个油层压力。

（2）了解油田各个区块的生产能力。

（3）制订油井的合理工作制度。

（4）了解油层的有关参数（如渗透率、流动系数、采油指数等）。

（5）确定油层内各种边界（如油气界面、油水界面、断层位置、地层尖灭等）。

（6）了解油层温度及油层内油、气、水的性质等。

4. 分层测试有什么意义？

分层测试是了解同一井内各油层间差异的最好方法，是实现分层研究、分层改造和分层管理的重要前提，是油井调整挖潜的重要环节。

5. 分层注水有什么意义？

采用分层注水开发技术，其意义重大，在油田开发中能够实现以下 4 点：

（1）在相同的注水压力下，能够实现不同层位的不同注水量。

（2）在相同的注水压力下，能够更好地对中低渗透层进行开采。

（3）在相同的注水压力下，避免高渗透层过早见水，影响最终采收率。

（4）使地层压力系统稳定，更好地保持了地层能量。

6. 卡瓦打捞筒的用途是什么？由哪几部分组成？

（1）用于打捞油管内不带钢丝、外部带有伞形台阶的落物。

（2）由压紧接头、卡瓦筒、弹簧、挡圈、卡瓦片组成。

7. 示功图的分析有哪几种方式？

分析示功图的方法分定性分析和定量分析两种。属于定性分析的有对比相面法、面积相面法和模拟类比法等。属于定量分析或半定量分析的有拉线图解法、井下示功图转换分析法和 API 分析法等。此外还有综合分析法。

8. 分层测试时怎样判断油管漏失？

（1）在分层测试时，在油压稳定，注入量稳定，井口 50m 的水量和地面水表的水量一致条件下，所测偏 1（注水井第一个注水层段）水量小于井口的水量，初步判断为油管漏失。

（2）用非集流流量计从偏 1 以上吊测，以每 100m 为一个测试点一直吊测到井口，就可以找到油管漏失的大概位置。

（3）用验封密封段封堵偏心通道（桥式偏心除外），井口放大注水压力，水表转动说明油管有漏失。

9. 钢丝试井车的分类？

在油田对油气水井进行各种井下测试作业时，将测试设备运送到井场，并为测试绞车时提供动力的机动设备。根据动力的传输方式可分为机械和液压两种。

10. 注水井偏心堵塞器结构及工作原理是什么？

（1）结构：主要有主体、打捞杆、压盖、支撑座、凸轮、密封段、出液孔、水嘴、液网罩（滤网）。

（2）正常注水时，堵塞器靠支撑座 ϕ22mm 台阶坐于工作筒导体的偏心孔上，凸轮卡于偏孔上部扩孔处。密封段上、下各有两道 O 形密封圈，将工作筒偏心孔上下封死，注入水经堵塞器滤罩、水嘴、密封段的出液槽经偏心孔注入油层。

11. 使用钩类打捞工具时应注意些什么？

（1）打捞时，应采用多次慢下、逐级加深、微压多提、提放旋转相间的方法，绝不能盲目快速下放或加较大的钻压打捞。

（2）切忌将钩子插入过深：一是钩子插入过深，致使上提成团，形成“钢丝活塞”而造成卡钻事故，二是防止钢丝绳缠到上部而卡死钻具。

12. 影响实际载荷的因素？

（1）抽油机悬点载荷。主要包括：井口、抽油杆、抽油泵、井底液量。

（2）井口载荷变化主要因素：包括摩擦阻力，防喷盒松紧度载荷的变化，清蜡阀门的开、关载荷的变化。

（3）井下载荷主要反映在自重与摩擦阻力，包括杆重、杆与管、杆与环、杆与液、泵与套的载荷变化。

13. 影响井下载荷变化的主要因素有什么？

（1）井下杆断脱载荷下降、杆摩阻载荷增减。

（2）井下液量液面高低、含水高低、气影响载荷大小。

（3）井下泵效高低、泵充满系数、泵套摩阻影响载荷大小。

14. 实际载荷变化引起的问题有哪些？

抽油机井实际载荷出现变化，说明生产状况在某些环节出现问题。其变化状况及引起的问题主要是：上载荷变轻杆断泵漏、上载荷变重蜡卡泵卡，下载荷变轻杆断蜡卡泵卡、下载荷变重泵漏锁堵。

15. 抽油机井液面高低受什么影响？

液面是分析抽油井生产状况的重要参数，液面高低主要反映抽油井的生产状态，液面高生产参数小、能量补充足。液面低生产参数大、能量补充差。

16. 液面、示功图、产液量变化关系？

液面、示功图、产液量为抽油井生产变化关系最密切的 3 个参数。在一定时期内，这 3 个参数应相对稳定、平衡。当某个参数出现较大变化时，另一个参数也应有相对变化。分析这些关系及参数变化，即能准确查出生产出现的问题、原因、故障所在。

17. 分析示功图、液面注意事项？

分析抽油井生产变化不能看某个参数的变化，一定结合其他参数进行综合分析。所以，示功图、液面分析应注意：

（1）要有连续性：分析示功图、液面是判断载荷、供液能力的变化，这就要求有连续性，否则无法作出准确判断。

（2）要有综合性：分析抽油井生产变化一定要综合产液量、示功图、液面、憋泵、电流等数据的变化。

（3）防反常性：有时个别生产参数会出现反常变化。这是因资料录取也受很多因素影响，使其该变时未变，不该变时却变。这种状况实为反常，分析时要排除此类干扰，应去伪存真，才能分析出真正原因。否则，当抽油井生产状况变化时而不能准确地分析出原因。

18. 测示功图的目的是什么？

了解抽油机载荷变化及深井泵的工作情况，为选择适当的抽油参数、判断油层供液能力提供依据。

19. 实测示功图受哪些因素影响？

（1）砂、蜡、水、气的影响。

（2）惯性载荷、振动载荷、冲击载荷与摩擦阻力的影响。

（3）漏失、断脱、设备故障、仪器故障等因素影响。

20. 测液面的目的是什么？

（1）了解油井的供液能力，结合示功图，分析井下泵的工作状况，确定泵的合理沉没度以及判断注水效果。

（2）井下液面探测是管好抽油机井的一种重要手段，并可以根据液面深度计算沉没度、流动压力、地层压力。

第三节　采油测试安全注意事项

1. 高压测试安全注意事项

（1）起下仪器时，要预防钢丝跳槽。

（2）有清蜡扒杆时，要检查各绷绳是否绷紧，地脚螺栓是否松动、固定结实，测试滑轮要对准绞车。

（3）有清蜡扒杆时，其防喷管要加绷绳。井口压力（油压）高于 15MPa 以上，要加地滑轮导向。

（4）仪器放入、起出防喷管要轻起轻放，严禁猛放，以防仪器撞击闸板。

（5）仪器进入防喷管要听碰堵头声和探闸板声。

（6）在清蜡阀门关闭后，未放空或放空不净，不准卸堵头。如压力放不干净（低于 0.2MPa）时，可先卸松（慢慢地）密封填料压帽放压，然后缓慢卸松堵头，边卸边活动，直至将其卸下。

（7）如要加高放喷管，必须采取安全固定措施，另外紧绑安全带进行井口操作。

（8）根据井场地形、风向选好停车位置（一般距离井口 20~30m），使绞车与井口滑轮对正，有良好的观察井口操作视线。起下仪器时，钢丝应避开电线。

（9）起下仪器要平稳，严禁猛放猛起，正常起下仪器速度小于 150m/min。仪器进入工作筒或未出工作筒之前，起下速度小于 60m/min。

（10）起下仪器时，钢丝要绷直，防止拖地、跳槽和打扭等，并注意观察转数表计数，防止跳字和卡字现象出现。

（11）仪器下到测试深度时要放慢下放速度，用刹车把刹住滚筒进行测试。

（12）仪器起至距离井口 150m 时，应减速，距离井口 30m 时应停车用手摇，手拉钢丝使仪器进入防喷管。

（13）仪器进入防喷管后，阀门未关严不能松钢丝。

（14）使用活动绞车时，要打桩把绞车固定好，由汽车轮起时，与司机密切配合，刚启动时，要慢慢抬离合器。提仪器时司机不得离开驾驶室。

（15）做好井口岗和绞车岗安全操作的配合联系工作。

（16）钢丝从绞车上拉到井口时要防止猛拉猛停。仪器下放过程中防止钢丝拖地、打扭。

（17）开关阀门时，必须侧身操作，严禁胸腹对着阀门，防止丝杠失灵打出伤人。

（18）开关清蜡阀门时要缓慢，仪器进入防喷管后，关阀门时，应先关三分之二，待探闸板两次，确认仪器在阀门以上时方可关死清蜡阀门。

（19）组卸仪器时，各连接部位一定要紧固，防止仪器脱螺纹掉入井内。

（20）装卸仪器时，必须使用专用工具上卸，不允许使用管钳和加力杆上卸仪器，防止仪器粘螺纹和咬坏仪器。

（21）装卸仪器时，要小心轻放轻取，以防仪器倒地摔坏。

2. 低压试井安全注意事项

（1）测试前应了解电源线路及电压，电压必须与仪器熔断丝熔断电压相符，以免烧毁仪器。

（2）必须认真执行停启抽油机操作规程。

（3）雨天操作仪器需戴橡皮手套，穿胶靴，以防漏电伤人。

（4）一般不准使用卡瓦卡光杆。

（5）在测试过程中，不管出现任何故障，必须先停抽油机后，再进行处理和排除。不允许抽油机在运转的情况下进行任何处理或排除故障。在抽油机平衡块附近工作时，要特别注意安全。

（6）在结蜡、出砂严重的井上测试时，操作要迅速，停泵时间要短，以免卡泵。

（7）在装卸仪器时，若悬绳器上、下夹板顶开的高度不够时，不准强行装卸，装好仪器后，必须拴好安全锁，防止遇卡时摔坏仪器。

（8）测试时，操作者应站在安全位置，不许正面对着驴头及悬绳器，以防卡泵时仪器甩出伤人。

（9）禁止在井口吸烟或点明火。

（10）开关阀门时一定要侧身操作，防止丝杠失灵打出伤人。

（11）套管阀门关闭后，套压放空未落零时，不准卸堵头。

（12）井口连接器（火药枪）必须上紧，安装子弹时撞针一定要缩回并锁住。

（13）扳动激发扳手时，操作者必须在枪体一侧，不能面对激发扳手。

（14）测试完毕，卸下井口连接器，上紧套管堵头，打开套管阀门，如有掺水，也要打开阀门，防止井口冻结。

第四节　“3221”安全工作法

在采油测试过程中，为了确保行车安全、人身安全和操作安全，通过多年的实践摸索，不断改进完善，总结提炼出“3221”工作法，该方法易于理解便于操作。

“3221”内容：“3”——出车前三看；“2”——工作中两个标准化；“2”——收车后两个检查；“1”——建立一周一回访制度。

1.“3”——出车前三看

（1）看员工精神状况、身体状况是否适合上井。

作为一名员工既是单位的工人，同时在家里也是丈夫、儿子、父亲，有很多事情困扰着，有的时候受家里的一些琐事影响没有休息好，为工作埋下了安全隐患。

人吃五谷杂粮哪有不生病的，身体状况不好，再干一些重劳力的活，不但工作没有效率，而且存在较大的风险。

当员工精神状况、身体状况不佳时适当调整工作环境，合理安排当天的工作，不去一味地追求高效工作。常言说：“磨刀不误砍柴工。”员工精神状况、身体状况适合时再正常工作。安全是企业最大的财富。

（2）看车辆油、液、轮胎、灯光等安全性能是否符合要求。

车辆是生产安全的保障，良好的车辆既能确保安全，也能提高工作效率。

油、液、轮胎好比车辆的身体，它们的完好关系着车辆的好坏。每天出车前，先绕车一圈看看胎压、钣金、连接部件、灯光、机油、防冻液等。发现问题及时处理，避免伤害车辆及影响交通安全。

（3）看仪器工具是否符合测试要求。

仪器上车前检查仪器检校日期是否符合测试要求，主机电源电压是否符合要求，主机键盘是否完好，传感器电源电压是否符合要求，所需工具是否齐全，有无损坏，各种连接线是否好用。

2.“2”——工作中两个标准化

（1）标准化驾驶车辆。

驾驶车辆行驶，证照齐全，不开带病车，遵守交通规则。严禁开车接打电话，严禁与同车人员交谈，严禁开赌气车，严禁开带病车，严禁酒后驾车。

在油田公路行驶时，准确判断前方路况，避免车辆损坏。

夏季通过水坑时，不能在不知情的情况下快速冲过。雨后行车速度要慢，不要急打方向，避免侧滑事故发生。

冬季行驶时，不要急加速，冰雪路面防止车辆侧滑，下雪后不要贸然进入不熟悉的井场，防止落入坑中，损坏车辆。

井场摆放车辆位置要合适，避免在下风头，防止放空时油污喷到车上。

（2）标准化测试。

①示功图测试。

抽油机停机位置合适，空气开关拉下，刹车拉到位。安装传感器，启机时前后配合好，前面人员不要站在驴头下，防止高空落物。2~3 个冲程后进行测试。测试完毕，抽油机停机位置合适，空气开关拉下，刹车拉到位。卸下传感器，启机时前后配合好。

②液面测试。

轻轻打开套管阀门，放空，将套管内脏物排除，安装井口连接器，确保连接器密封，不刺不漏。液面测试曲线合格，关好套管阀门，放空，卸下井口连接器。若资料不合格、干扰大，寻找干扰源，重新测试，直至合格为止。

3. “2”——收车后两个检查

收车后，及时对车辆油、液、轮胎、灯光进行检查，发现问题及时处理，确保第二天出车。检查仪器、工具有无遗漏，仪器电压是否正常、是否需要充电，工具、仪器有无损坏，对仪器进行擦拭保养，清除连接器传声通道内的污物，检查连接线有无损坏，检查保养工具，同时做好记录。

检查所录取资料是否齐全完整，井号、日期有无错误，同时对所测示功图进行初步分析，及时发现问题反馈小队核实泵况。避免产量损失。

4. “1”——建立一周一回访制度

每周及时与甲方沟通，听取意见、询问其需求。根据需要调整工作方法。

几年来，采取“3221”工作法，班组任务及时完成，资料录取准确，甲方满意度有较大提高，“3221”工作法为安全生产、资料录取提供有力的保障。

第二章　采油测试常见故障分析与处理

第一节　抽油机井实测示功图分析与处理

实测示功图真实地反映悬点载荷实际状况。通过对比、判断载荷变化状况，可分析出抽油井生产状况，准确判定问题、故障性质及所在。

1. 正常示功图

图 2–1 正常示功图形成过程分析：该图形与理论示功图差异不大，为一近似的平行四边形，除了抽油设备的轻微振动引起一些微小波纹外，其他因素的影响不明显。措施是加强管理，正常生产。

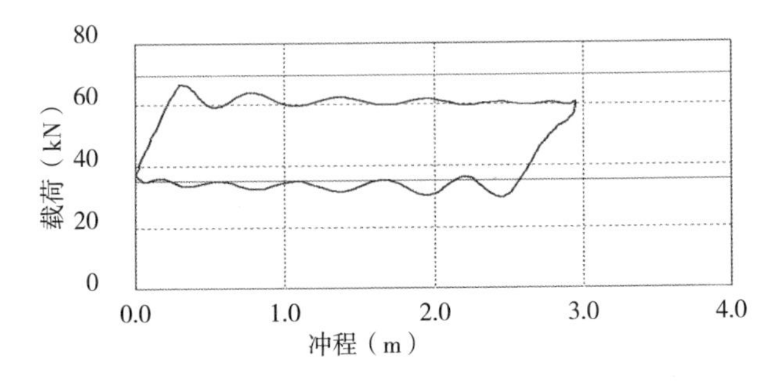

图 2–1　正常示功图

2. 惯性影响示功图

图 2–2 惯性影响示功图分析形成过程：由于抽油机的冲程、冲次过大（过快）造成泵筒内的活塞在上下冲程过程中，尤其是在

上下死点处产生惯性比较明显，图形呈一定的倾斜角度，泵工作正常。措施是调小参数（降低冲程、冲次）。

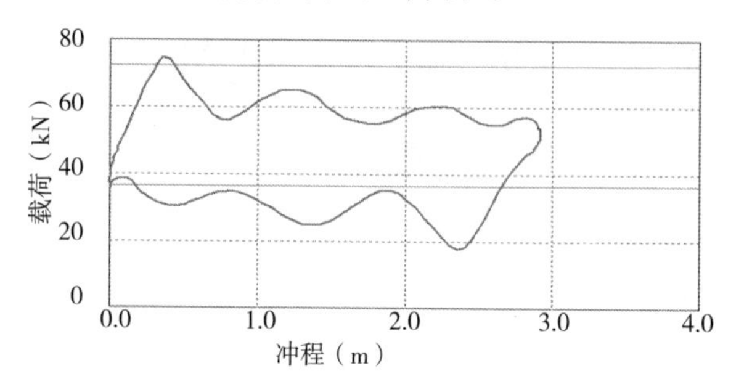

图 2–2　惯性影响示功图

3. 气体影响示功图

图 2–3 气体影响示功图形成过程分析：油井含有大量游离气，上冲程时部分气体进入泵筒，并占据泵筒部分空间，下冲程时，活塞首先压缩气体，使卸载变缓、变慢，在图形右下角产生向上凸的弯曲弧线，当压缩气体过程完毕后活塞接触液面，卸载完毕。措施是井口安装定压放气阀；加深泵挂；井下安装气锚。

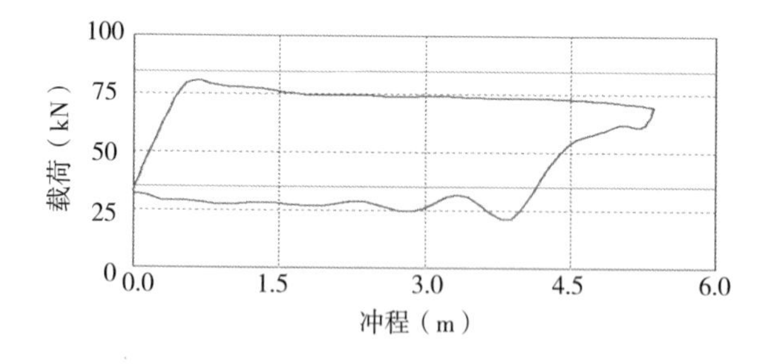

图 2–3　气体影响示功图

4. 供液不足影响示功图

图 2–4 供液不足影响示动图形成过程分析：由于井下供液能力低，抽油机抽汲参数不当，液体没有充满工作筒，只占据工作筒下

半部分容积，活塞下冲程时不能及时地碰到液面，使载荷不能及时卸载，当活塞遇到液面后突然卸载，恢复正常，图形右下角缺失，卸载线有明显的拐点，成刀把状。措施是调小参数；间抽；换小泵。

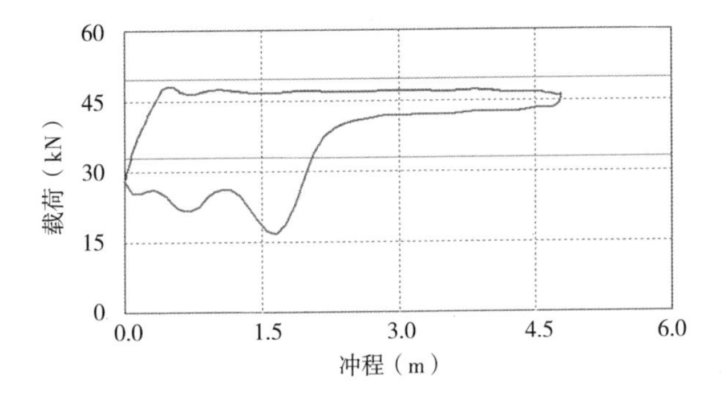

图 2–4　供液不足影响示动图

5. 油管漏失影响示功图

图 2–5 油管漏失影响示功图形成过程分析：由于井内油管某处损坏或腐蚀，造成油管漏，活塞在上下冲程过程中活塞截面以上液体漏失到泵筒内，致使上下载荷减小，抽油杆和油管弹性变形减小，增载线和卸载线变小，上下冲程负荷线均小于上下理论负荷线，图形呈瘦小的平行四边形。措施是作业换油管。

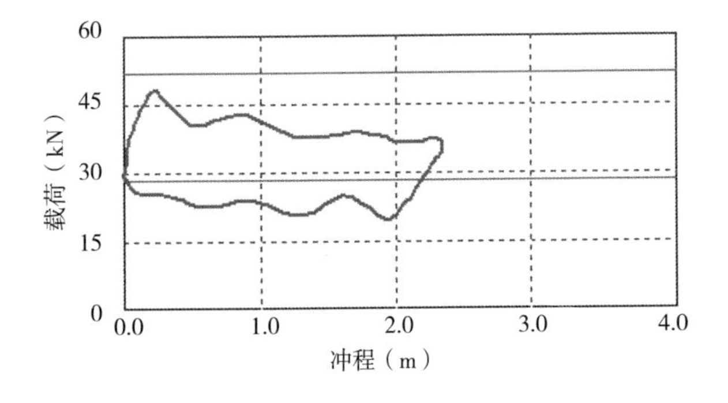

图 2–5　油管漏失影响示功图

6. 蜡、稠油影响示功图

图 2–6 蜡、稠油影响示动图形成过程分析：由于井内液体黏稠，使活塞在工作筒内摩擦阻力增大，且液体具有一定的润滑性，致使上下冲程负荷线均超过上下理论负荷线，同时，油稠使得阀开关比正常时滞后，阀和阀座配合不严密，造成图形四角比较圆滑，图形肥大。措施是制定合理的热洗周期；掺水降黏；掺轻油；加药降黏。

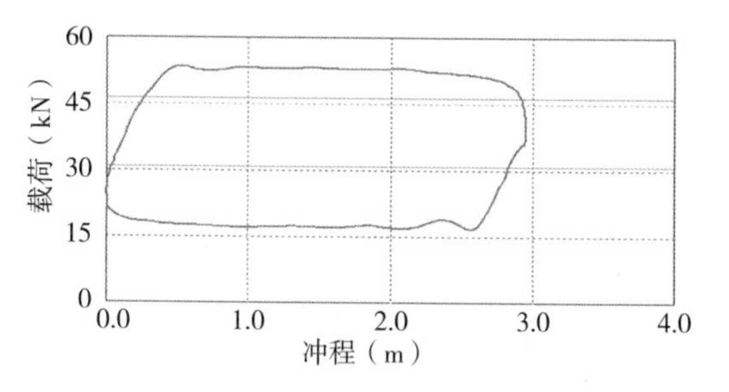

图 2–6 蜡、稠油影响示功图

7. 抽油杆断脱位影响示功图

图 2–7 抽油杆断脱位影响示功图形成过程分析：由于抽油杆断脱，悬点负荷只有抽油杆在液体中的重量，上下冲程不能增载、卸载，图形呈水平窄条状，上下冲程负荷线均小于上下理论负荷线且在下理论负荷线以下。措施是作业捞杆或换杆。

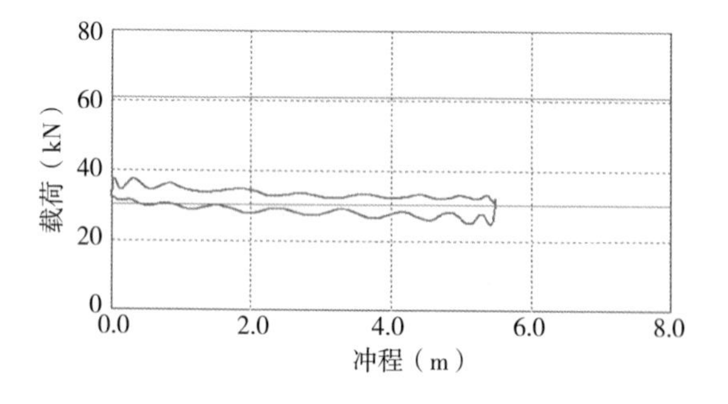

图 2–7 抽油杆断脱位影响示功图

8. 上死点碰泵影响示功图

图 2–8 上死点碰泵影响示功图形成过程分析：由于防冲距过大或井口刮碰抽油杆接箍及油管接箍，活塞上冲程到上死点时光杆磕碰驴头所致，图形右上角有一个环状小尾巴状。措施是下调防冲距（调小防冲距）为合适位置。

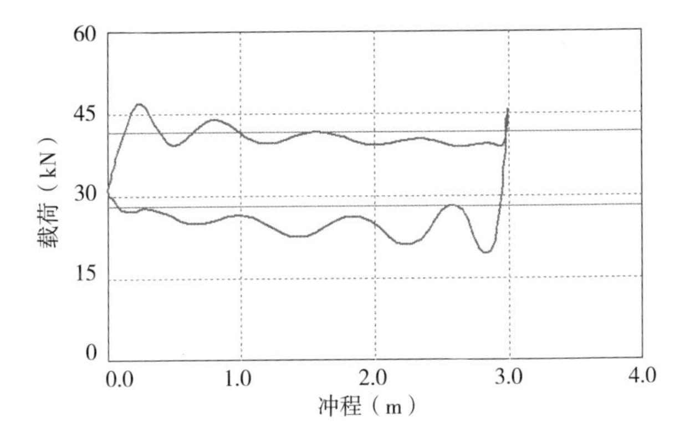

图 2–8　上死点碰泵影响示功图

9. 双阀漏失影响示功图

图 2–9 双阀漏失影响示功图形成过程分析：由于固定阀和游动阀处有脏物、蜡等污物影响，使活塞在上、下冲程过程中固定阀、游动阀关闭不严，造成增载、卸载缓慢，图形在上下理论负荷之间，近似于椭圆形。措施是热洗，碰泵不见效果；作业检泵。

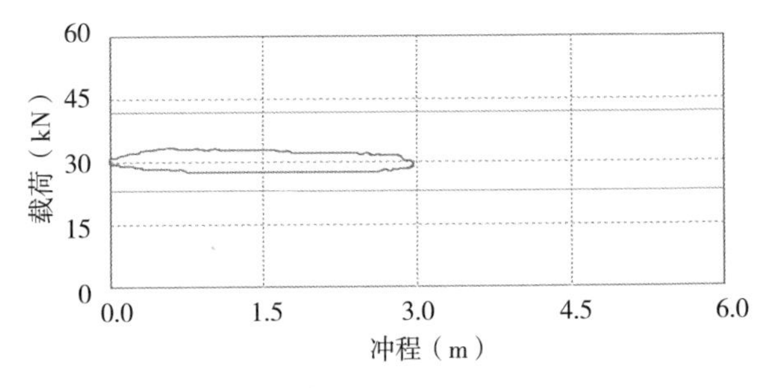

图 2–9　双阀漏失影响示功图

10. 活塞脱出工作筒影响示功图

图 2–10 活塞脱出工作筒影响示功图形成过程分析：由于井下的深井泵活塞距离固定阀过大（过高），在活塞上冲程运行过程中未达到上死点之前，活塞就脱出工作筒，此时负荷突然下降，当活塞达到上死点完成上行程后继续下行程活塞进入工作筒，此时活塞及负荷恢复正常，图形右上角缺失，措施是下调防冲距（调小防冲距）为合适大小。

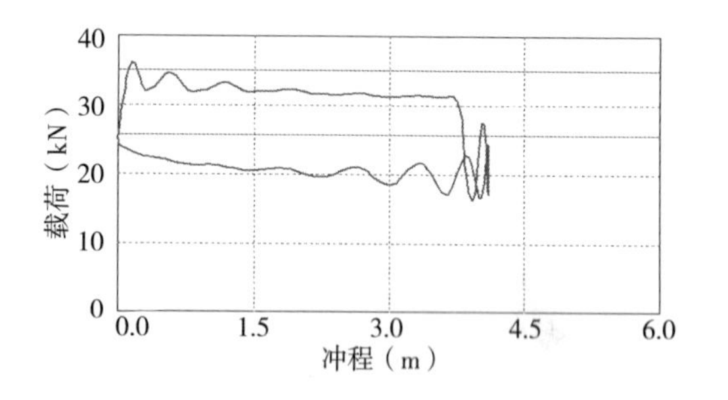

图 2–10　活塞脱出工作筒影响示功图

11. 连抽带喷影响示功图

图 2–11 连抽带喷影响示功图形成过程分析：由于井下油层供液能力充足，油层压力高，致使泵筒内的活塞在上下冲程过程中始终受到液体浮力的作用，导致游动阀和固定阀处于打开状态，图形呈椭圆的鸭蛋状或窄条状，产量在 100% 以上。措施是调大参数（调大冲程、冲次）；换大泵或采用电泵井生产。

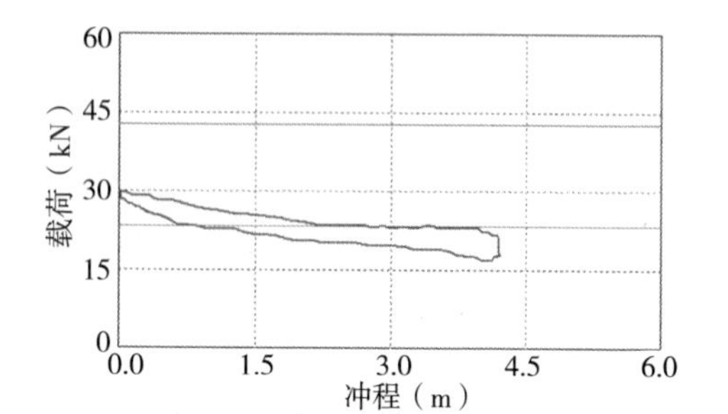

图 2–11　连抽带喷影响示功图

12. 泵漏失影响示功图

图 2–12 泵漏失影响示功图形成过程分析：工作筒与活塞间隙大，不匹配；受砂、蜡或脏物影响磨损严重。

措施：首先是热洗，其次是作业施工。

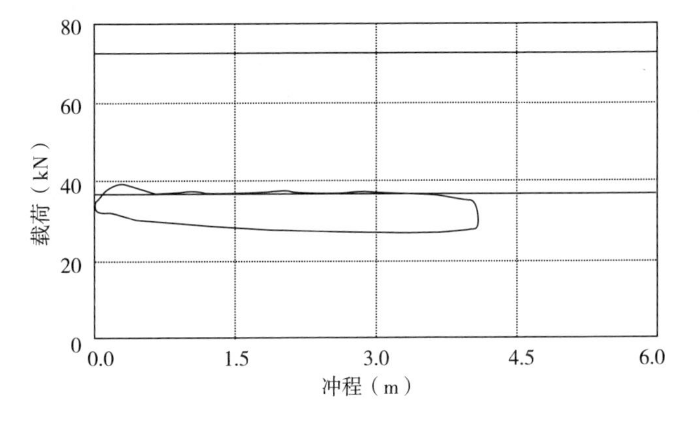

图 2–12　泵漏失影响示功图

13. 仪器故障影响示功图

图 2–13 仪器故障影响示功图形成过程分析：图形呈椭圆形或圆形的原因：数据程序芯片问题。处理方法：重新刷新程序芯片输入相关程序或更换数据程序芯片，并校验载荷。

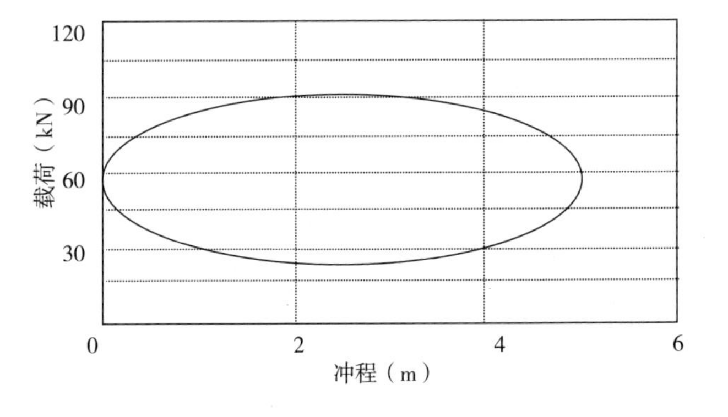

图 2–13　仪器故障影响示功图

第二节　抽油机井实测动液面分析与处理

1. 无液面波

图 2–14 无液面波形成过程分析：套压低，灵敏度低。措施是合理控制套管气，调整灵敏度为合适挡位，复测。

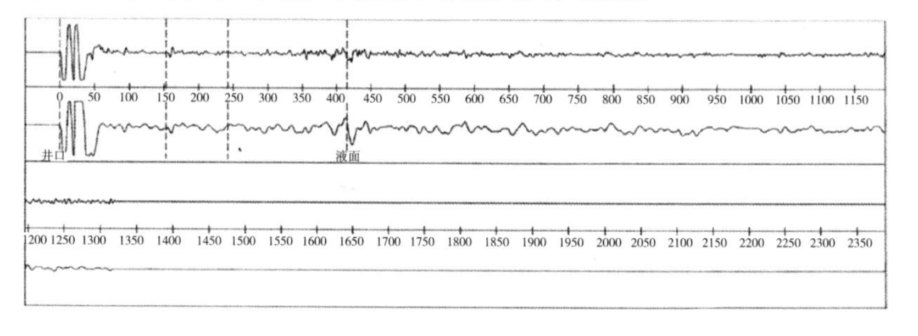

图 2–14　无液面波

2. 有干扰波

图 2–15 有干扰波形成过程分析：套压高，井筒不干净，灵敏度高，井口有振动。严重时无法分辨出液面波位置。措施是控制套管气，洗井，调整灵敏度合适挡，停机测试液面，复测。

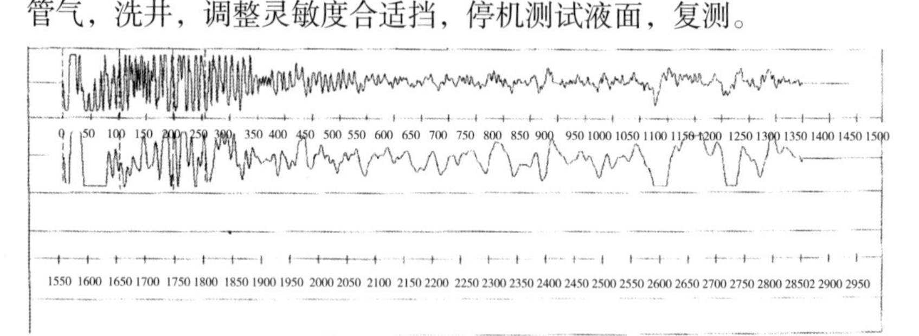

图 2–15　有干扰波

3. 井口波脱挡严重

图 2–16 井口波脱挡严重形成过程分析：测试液面时档位选择过大，井口有死油或脏物，液面在井口，措施是调整灵敏度合适挡位，洗井，复测验证。

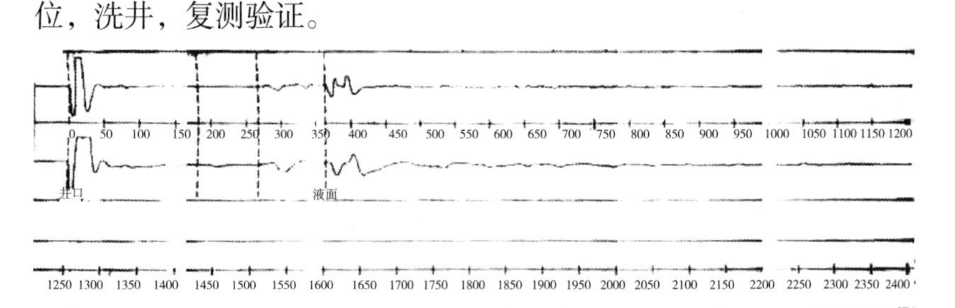

图 2–16　井口波脱挡严重

4. 自激波

图 2–17 自激波形成过程分析：液面线有虚接点，井口有振动，操作不平稳，仪器性能不稳定等。措施是：维修焊接液面线虚接点或更换，停机测试，平稳操作，查找故障点维修，复测。

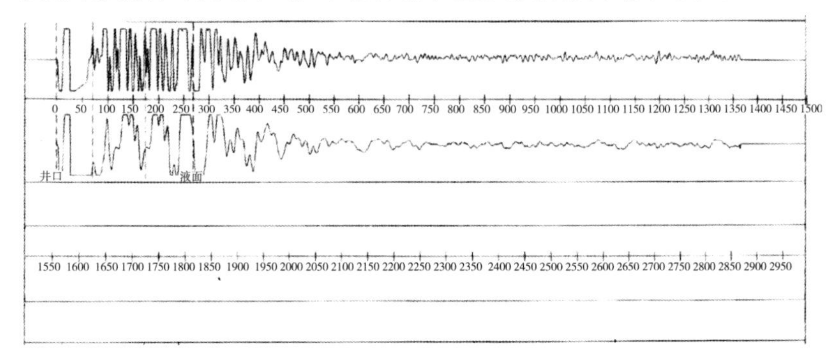

图 2–17　自激波

5. 只有井口波，其余的只是一条直线

图 2–18 形成过程分析：套压太低（小于 0.2MPa）或无套管气，液面在井口，套管闸门未打开或坏，冬季有冰堵在套管处。此图为只有井口波，其余的只是一条直线。措施是控制套管气，维修或更换套管闸门，处理冰堵，复测验证。

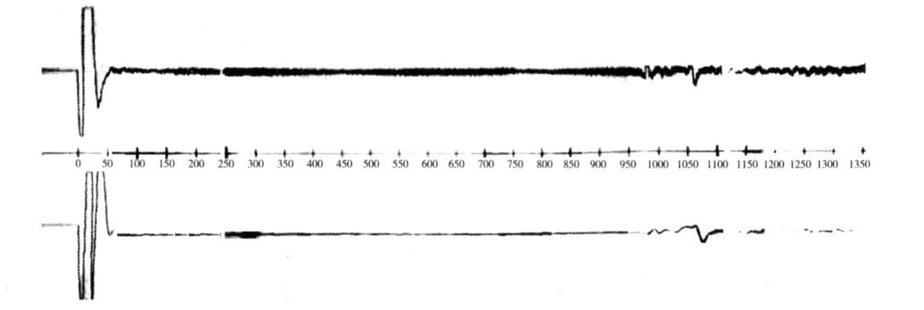

图 2–18　只有井口波，其余的只是一条直线

6. 回音标出现后，而出现多次反射波峰，液面波无法分辨

图 2–19 形成过程分析：回音标位置较近。此图为回音标出现后，而出现多次反射波峰，液面波无法分辨。措施是处理：作业重新安装音标为合适位置，复测验证。

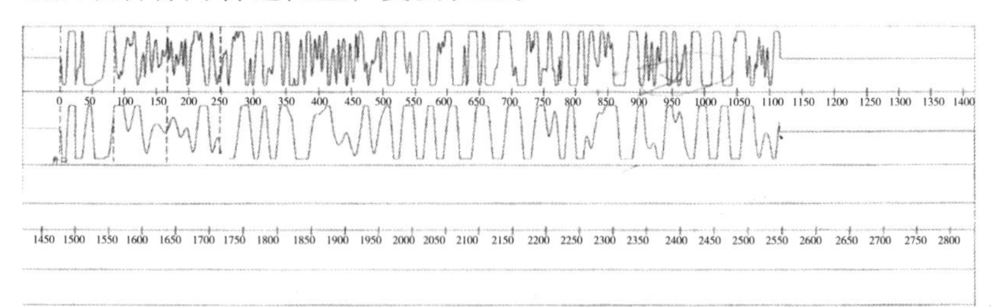

图 2–19　回音标出现后，而出现多次反射波峰，液面波无法分辨

第三节　电泵井测压曲线问题分析与处理

1. 正常测压曲线分析

如图 2–20 所示，正常测压曲线。

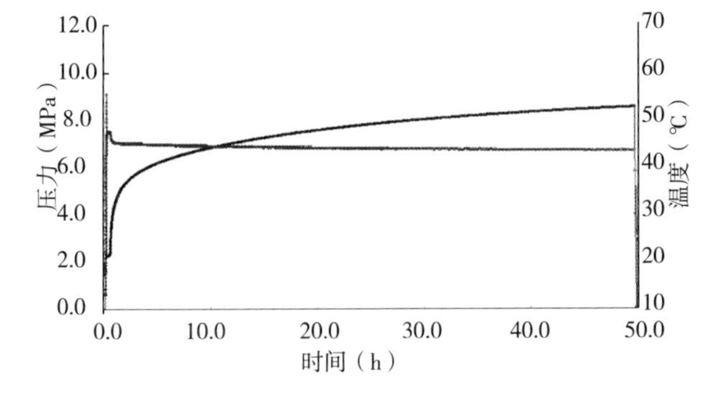

图 2–20　正常测压曲线

电泵井静压带流压资料。存储式井下电子流量计，合格，压力曲线起落点基线归零：坐阀后流压台阶清晰平整；恢复阶段平滑无波动、温度曲线清晰。

2. 异常测压曲线分析

（1）异常点分析（一）如图 2–21 所示。

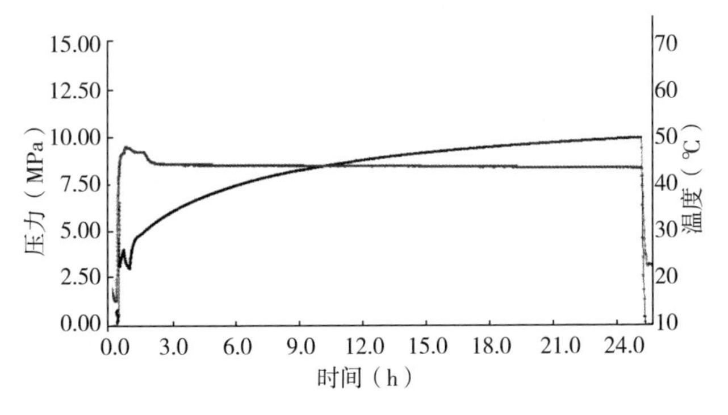

图 2–21　异常点分析（一）

电泵井静压带流压资料。存储式井下电子流量计。不合格。电泵井静压资料验收标准要求，坐阀后流压台阶清晰平整，此图显示流压台阶有明显波动，不平整。原因：坐阀时测试阀未完全打开造成流压台阶波动，不平稳。

（2）异常点分析（二）如图 2–22 所示。

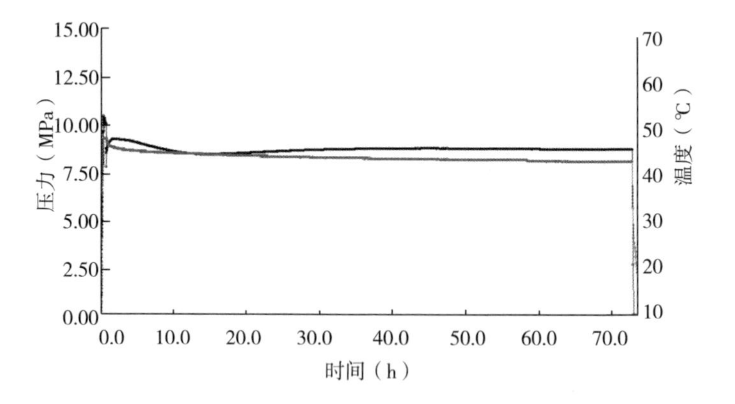

图 2–22　异常点分析（二）

电泵井静压带流压资料，存储是电子流量计。不合格。电泵井静压资料验收标准要求，坐阀后流压台阶平整，恢复阶段平滑无波动，无断点，此图显示未测出流压台阶，恢复阶段压力先升后降，波动严重，后期部分压力低于前期。原因：测压阀或链接器堵塞，造成未测出流压台阶，恢复阶段波动。

（3）异常点分析（三）如图 2–23 所示。

电泵井静压带流压资料。存储式电子流量计。不合格。电泵井静压资料验收标准要求，坐阀后流压台阶清晰平整，恢复阶段平滑无波动，无断点，此图显示未测出流压台阶，恢复阶段台阶先降后升，续流段不完整。原因：测压阀或连接器堵造成未测出流压台阶，恢复阶段先降后升，单流阀打开后压力开始恢复。

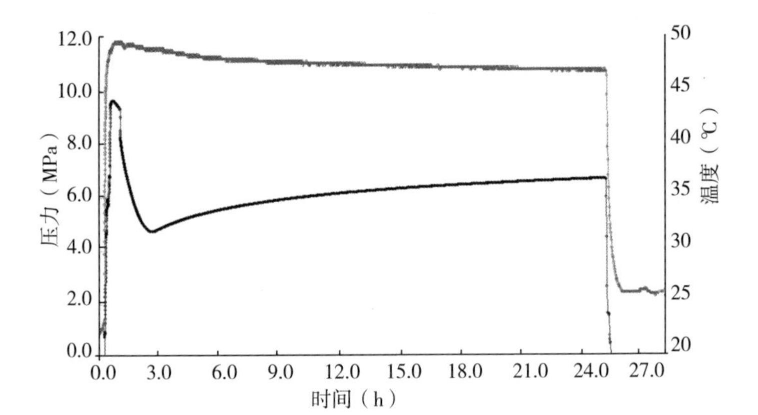

图 2–23　异常点分析（三）

（4）异常点分析（四）如图 2–24 所示。

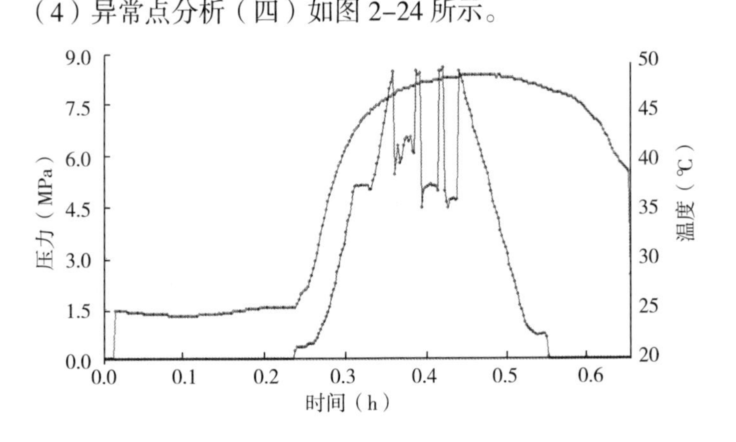

图 2–24　异常点分析（四）

电泵井流压资料，存储式电子压力计。不合格。电泵井流压资料验收标准要求，坐阀后流压台阶清洗平整，坐阀 3 次，至少有 2 个等压的流压台阶，此图 3 个流压台阶形成 3 个压力值，未形成等压台阶。原因：3 次坐阀，测试阀未完全打开造成流压台阶未等压。

（5）异常点分析（五）如图 2–25 所示。

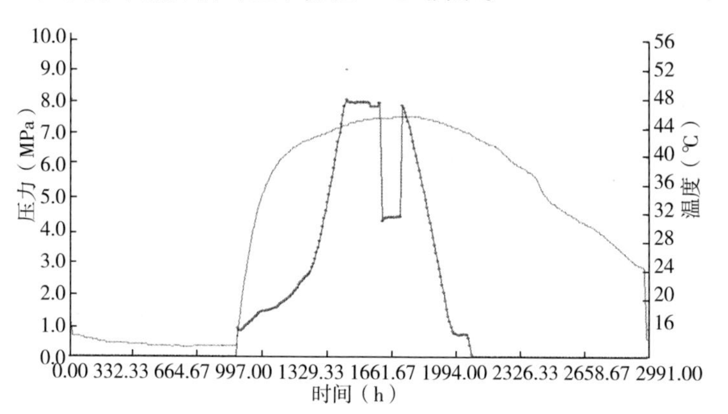

图 2–25 异常点分析（五）

电泵井流压资料。存储式电子压力计。不合格。电泵井流压资料验收标准要求，坐阀后流压台阶清晰平整，坐阀 3 次，至少有 2 个等压的流压台阶，此图只坐阀 2 次，形成 1 个流压台阶。原因：施工误操作造成少坐阀 1 次，测压阀未打开造成只形成 1 个流压台阶。

（6）异常点分析（六）如图 2–26 所示。

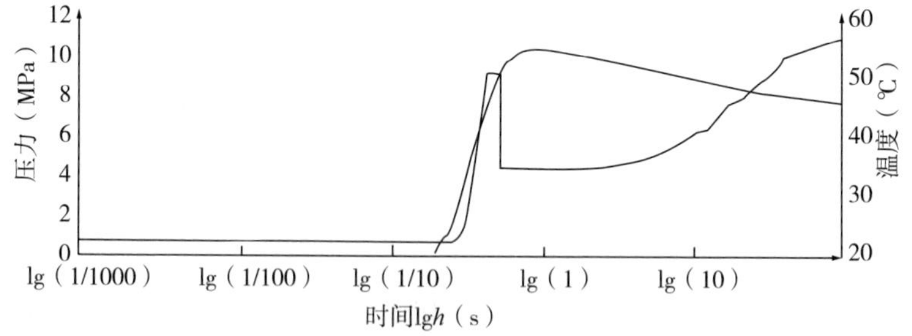

图 2–26 异常点分析（六）

电泵井井下测压阀在停完流压后关井测静压。由于停泵，井液不流动，造成测压时，测压阀堵，测试资料没取准。

（7）异常点分析（七）如图 2–27 所示。

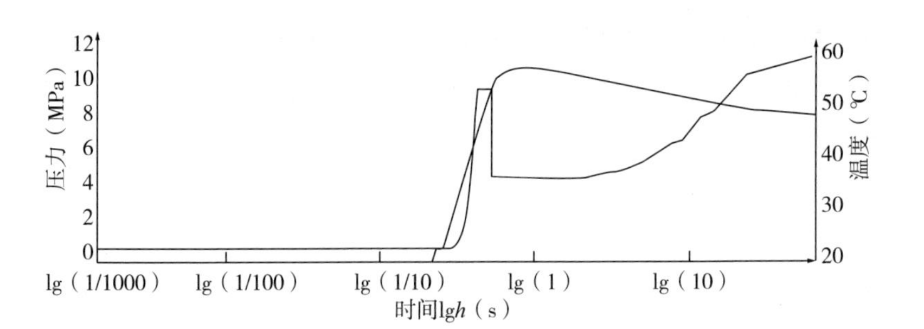

图 2-27　异常点分析（七）

电泵井井下测压阀在起泵时，泵压高于阀内的压力，停泵后，地层压力恢复慢，到关井后时间段压力才有所上升，油层供液不足。

（8）异常点分析（八）如图 2-28 所示。

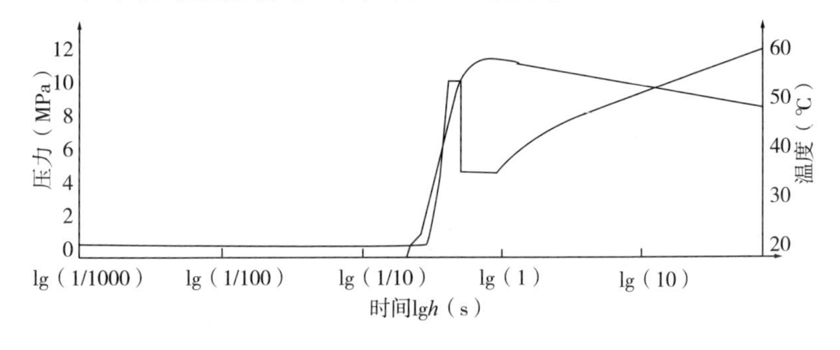

图 2-28　异常点分析（八）

曲线能用，流压、时间、静压都符合设计要求，只是仪器到井口时井下压力计电池不足所至，没有走完时间的曲线。

（9）异常点分析（九）如图 2-29 所示。

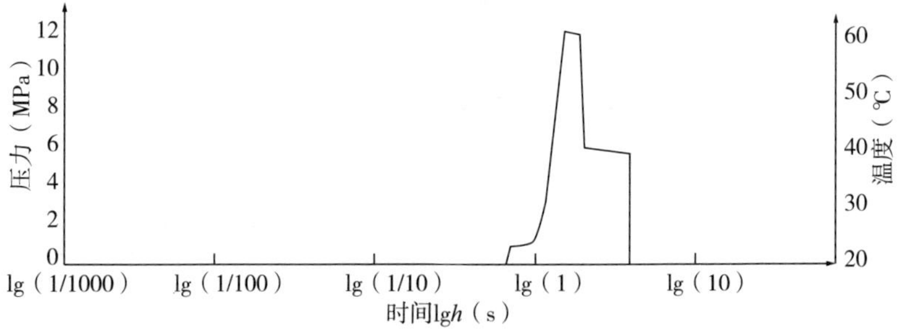

图 2-29　异常点分析（九）

井下压力计进入测试深度时，仪器下放速度过快，造成坐阀时引起的振动使仪器电子元件损坏，不能记录压力曲线（即压力漏失）。

（10）异常点分析（十）如图 2–30 所示。

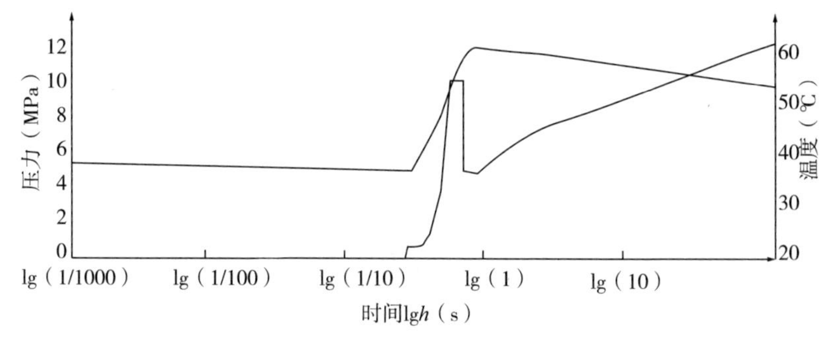

图 2–30　异常点分析（十）

井下压力计进入测试深度时，由于设点时间不精确，下仪器时停台阶的时间记得不准确，起仪器的时间太早，造成井下压力计在关井时间不足现象。

（11）异常点分析（十一）如图 2–31 所示。

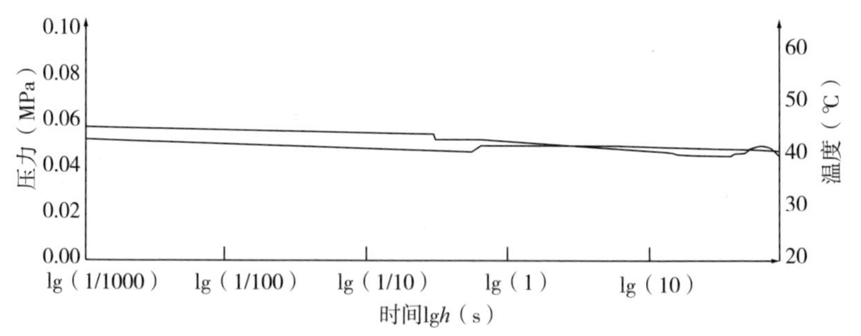

图 2–31　异常点分析（十一）

井下压力计在测试前没有检查就下井测试，仪器平时保管不妥善，又没有及时维修检查。仪器碰坏后又不知道下井测试的曲线，基本就是一条直线在基线上部。

综上所述，干得再快、再好，不注重测试录取资料的质量，那就会白白付出许多天的劳动，浪费人力、物力、消耗能源，见不到应得的经济效益。所以，测试录取资料的质量应引起大家的关注和重视。

第四节　注水井分层测试流量卡片分析与处理

1. 标准的分层测试检配卡片

如图 2–32 所示。

（1）压力线连续，无断点，无异常，视流压力由深入浅。

（2）前后压力，属于正常，前压低，后压高，差值 0.2~0.5MPa。

（3）流量线清晰连续，台阶宽度合格平整。

（4）属于非聚流测试分层流量。

（5）仪器量程符合要求，在校验合格有效期内。

（6）有下井时井口停测试台阶、底部挡球台阶，有上起时井口停测台阶。

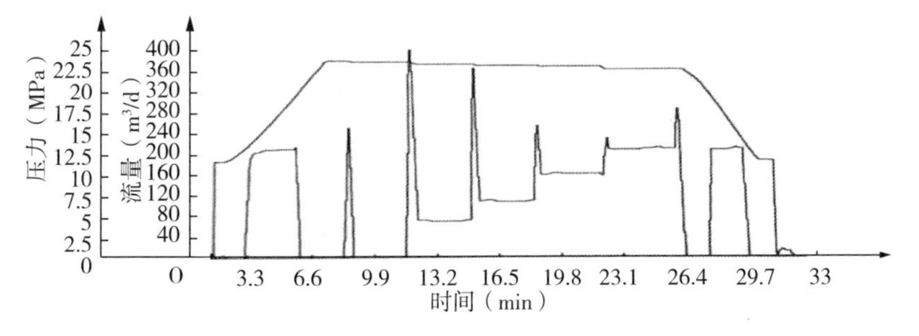

图 2–32　正常卡片标准的检配卡片

2. 正常合格的分层测试流量卡片

如图 2–33 所示。

（1）压力线清晰，连续无断点，无异常，视流压力由深入浅。

（2）前后压力正常，前压低，后压高，差值在 0.2~0.5MPa。

（3）流量线清晰，连续，无异常，台阶宽度合格平整。

（4）仪器在校验合格期内，量程符合要求。

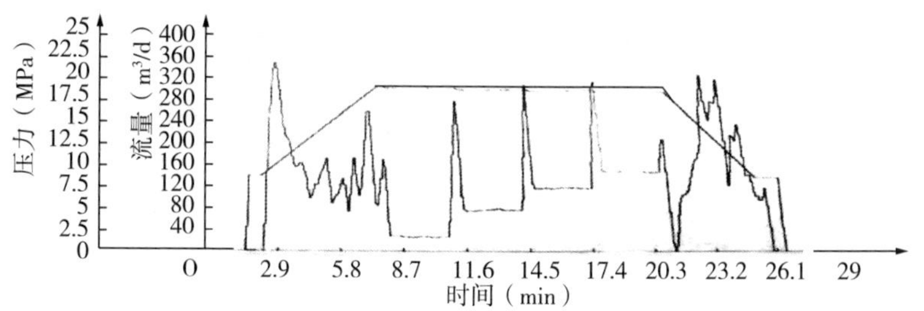

图 2–33　正常卡片、合格卡片

3. 分层测试流量卡片不合格

如图 2–34 所示

故障现象：偏 3 水嘴刺大，或者刺掉。

故障原因：

（1）偏 3 层段吸水量好，或者滤网没有上紧。

（2）堵塞器没有投好，或者密封段没有密封圈。

处理方法：

（1）捞出偏 3 堵塞器，检查更换井下水嘴。

（2）调整好堵塞器密封段四道密封圈。

（3）重新投送堵塞器。

（4）重新对偏 3 层段进行验封。

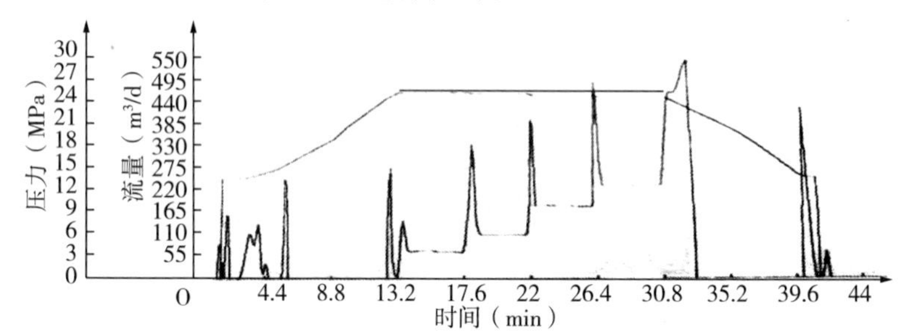

图 2–34　偏 3 水嘴刺大

4. 分层测试流量卡片不合格

如图 2–35 所示。

故障分析：偏 2 水嘴堵死，或偏 2 层段不吸水，或水嘴小。

故障原因：

（1）井脏，洗井不好，滤网堵。

（2）水嘴中直径小，或吸水量下降，或偏 3 吸水量上升。

处理方法：捞出偏 2 堵塞器检查，更换井下水嘴，重新投送堵塞器。

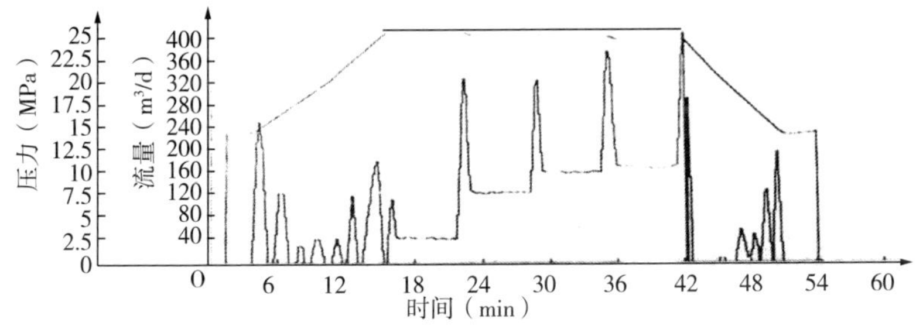
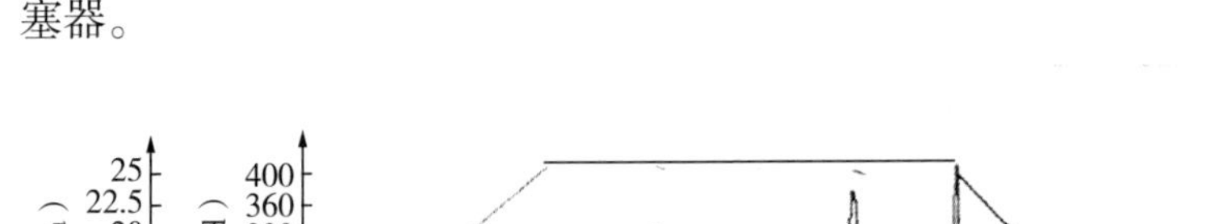

图 2–35　偏 2 水嘴堵死

5. 分层测试流量卡片不合格

如图 2–36 所示。

故障分析：偏 2 是死嘴子，但有 4 方水。

故障原因

（1）偏 2 层段有小层吸水，或堵塞器没有投严。

（2）流量计停测位置不对，或者仪器没有装扶正器。

（3）打卡片时操作不稳。

处理方法：

（1）将偏 2 堵塞器捞出，检查并重新投送。

（2）重新测试流量并找准位置，装好扶正器。

（3）平稳操作，均匀起下。

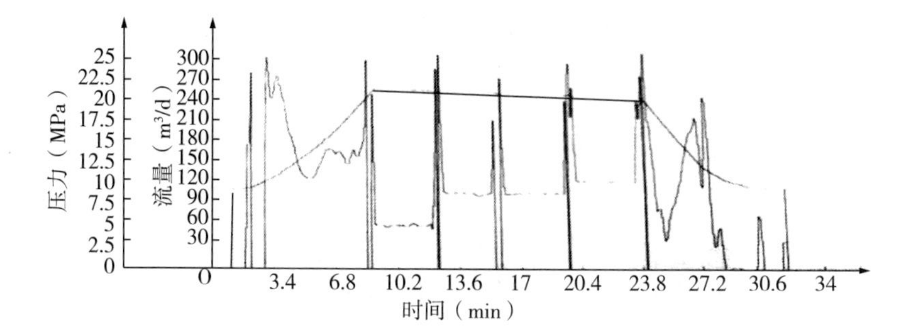

图 2-36　死嘴子不平

6. 分层测试流量卡片不合格

如图 2-37 所示。

故障分析：偏 3 出现返台阶。

故障原因：

（1）操作不稳，水量大，仪器没有装扶正器。

（2）深度不准，停测层段位置不对。

处理方法：

（1）重新测试流量，并装好扶正器，并控制好水量。

（2）找准深度和停测位置。

（3）平稳操作，均匀起下仪器。

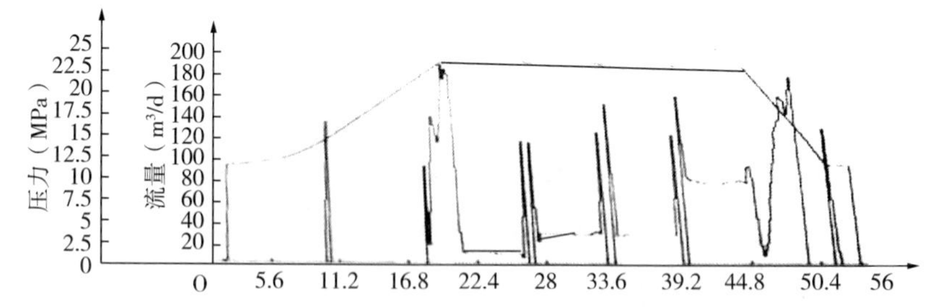

图 2-37　偏 3 出现反台阶

7. 分层测试流量卡片不合格

如图 2–38 所示。

故障分析：油管严重漏失，或者撞击筒以下管柱脱落。

故障原因：

（1）作业质量不好。

（2）管柱未上紧。

处理方法：作业处理。

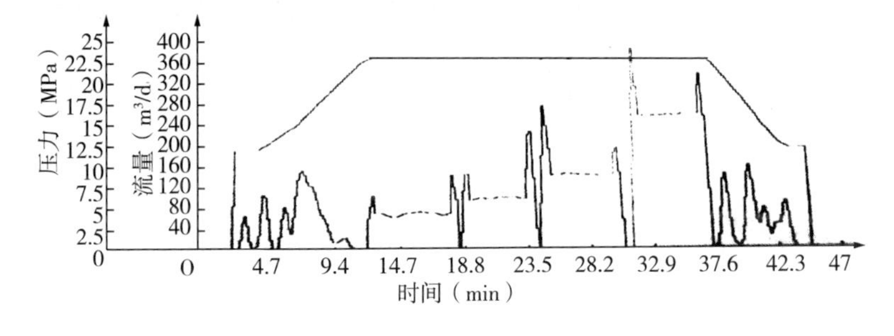

图 2–38　油管漏失严重或撞击筒以下管柱脱落

8. 分层测试流量卡片不合格

如图 2–39 所示。

故障分析：电池电量不足，或电池与仪器接触不好。

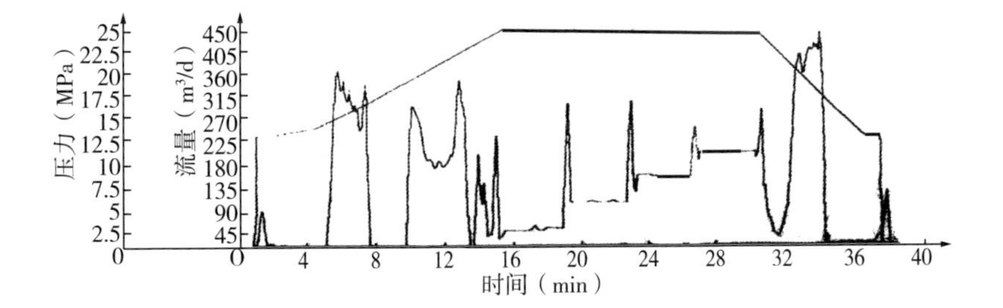

图 2–39　电池没电或电量不足及接触不好

故障原因：

（1）电池未及时充电，或者电池弹簧损坏。

（2）仪器与电池接触不良，或者仪器某部位有故障。

处理方法：

（1）检查电池，如有损坏，应更换并及时充电。

（2）重新校验仪器，并检查流量传感器。

（3）检查数据回放仪和数据连接线，如有问题，应及时维修或更换。

第五节　抽油机井偏心井口测试故障及处理

抽油机井偏心井口环空测试异常井钢丝缠绕油管卡片图如图2–40所示，处理方法如下。

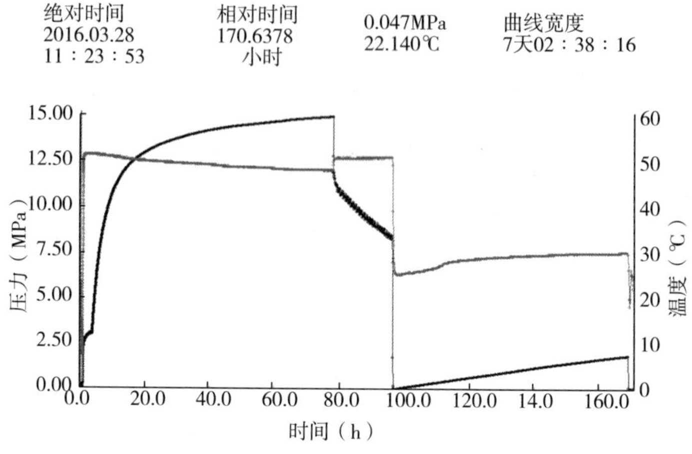

绝对时间 2016.03.28 11：23：53
相对时间 170.6378 小时
0.047MPa 22.140℃
曲线宽度 7天02：38：16

压力（MPa）
温度（℃）
时间（h）

图 2–40　抽油机井偏心井口环空测试异常井钢丝缠绕油管卡片图

（1）每次转动角度要小，过大会把仪器卡住。

（2）把仪器从遇卡处下放10~20m，转动井口，手摇上提，若仪器不能上提，说明井口转动方向不对。

（3）再下放10~20m向井口相反方向转动，上提仪器。这样反复多次，直到将仪器解缠为止。

（4）当转动井口无法解缠时，可采取压抬井口的方法。

第六节　测试现场所遇故障分析与处理

1. 注水井挡球漏失的故障

故障现象：

（1）注水压力降低。

（2）通过流量计，测试水量发现最下一级配水器以下仍有水量，判断挡球失效或尾管脱落。

产生的原因：

（1）作业质量不好，油管严重漏失。

（2）管柱底部有泥砂、死油、硬蜡、或脏物造成挡球不能正常回位。

（3）洗井后挡球没有坐严。

处理方法：

（1）油管正打压，如果压力严可向井内投一根七分的抽油杆。

（2）反洗井、没有效果作业处理。

2. 注水井水表故障

故障现象：

（1）注水井水表不转动、或转动不灵活。

（2）测试水量与水表水量不符。

产生的原因：

（1）水表表头卡死、注水井水质脏，造成叶轮被脏物卡死。

（2）水表叶轮损坏。

（3）水表没有密封圈、或水表密封圈损坏。

（4）水表不计数字。

（5）计数器脱磁掉字。

（6）水表表盖漏水。

（7）水表走得太慢。

（8）水表表针掉。

处理方法：

（1）定期标定水表、或更换水表、并清除脏物。

（2）维修或更换叶轮。

（3）检查更换水表密封圈。

（4）重新安装水表、或更换齿轮，清除污物。

（5）平稳操作、装表时表内应充满水。

（6）更换垫子、上紧表压盖、垫平垫子。

（7）定期清理污物、调对同心度、调整调节板、若齿轮磨损应更换。

（8）排除振动、修调紧固。

3. 注水井取压装置故障

故障现象：

（1）取压阀门打不开。

（2）取压阀门打开后压力表不起压力。

（3）取压阀门漏。

分析原因：

（1）取压阀门长时间关闭，阀门腐蚀或者严重结垢，造成取压闸门打不开。

（2）取压阀门被脏物堵死，造成取压阀门打开后压力表没有压力显示。

（3）取压阀门内的密封件破损。

处理方法：

（1）用柴油浸泡后，使用力矩较大的工具进行旋转将其打开。

（2）关井卸压后，卸下取压闸门，用通针把取压闸门的进压孔通开。

（3）关井卸压后，更换取压阀门。加装压力表闸门靠盒。

4. 压力表的故障

故障现象：

（1）卸下压力表后，压力表不归零。

（2）安装压力表后，打开取压阀门压力表不起压力。

（3）压力表与流量计测取的压力误差大。

（4）测试过程中压力表示值与井下流量计所测压力有误差，差值不定。

分析原因：

（1）压力表受碰撞致使压力表不归零；冬天压力表没有防冻装置，压力表冰冻造成不归零。

（2）压力表传压孔堵塞，造成压力表不起压力。

（3）压力表没有校验造成压力表的误差大。

（4）使用中操作不当有振动造成表盘松动；压力表固定螺丝松动；压力表内的游丝损坏。

（5）压力表本身存在质量问题。

处理方法：

（1）重新校正压力表；冬天一定要给压力表采取防冻措施。

（2）用通针清理传压孔。

（3）定期校验压力表。如有损坏不能修复应更换新的压力表并及时校验。

（4）紧固表盘和压力表的螺丝，更换压力表游丝重新校验。

5. 注水井阀门的故障

故障现象：

（1）阀门开关不动。

（2）阀门打开后注水井不注水。

（3）铜套子及丝杠窜出。

（4）阀门关不紧。

分析原因：

（1）阀门长时间未加注润滑油，阀门弹子盘损坏或缺油，致使阀门锈死。

（2）阀门闸板与丝杠脱离。

（3）操作不当或铜套子质量问题；固定铜套子的压盖脱扣未上紧，开关阀门铜套子跟着转。

（4）闸板和闸板槽结合不严；闸板槽有杂质造成闸板关闭不严；闸板及闸板槽损坏。

处理方法：

（1）阀门加注润滑油，后慢慢活动。

（2）关井、放空。卸下阀门压盖，重新安装好阀门闸板。

（3）更换新的铜套子和压盖。

（4）关井、放空，清除闸板槽内的杂质；更换阀门。

（5）修理或更换阀门弹子盘。

6. 注水井油压升高的故障

故障现象：

（1）注水井注入或测试过程中，井口油压表压力值或井下流量计测得压力突然升高。

（2）测试过程中，泵压没有变化，井下流量计压力突然升高所测流量反而下降。

分析原因：

（1）泵压升高或下流阀门闸板脱落也能导致油压升高。

（2）注入水质不合格，管柱结垢，造成水嘴堵、滤网堵或及射孔孔眼堵塞；地层堵塞或吸水能力下降。

处理方法：

（1）经常冲洗注水汇管和地面管线，严格把好洗井质量关。

（2）合理控制好注水压力和注水量。

（3）反洗井解堵，严格把好注入水质关；如不行则采取酸化、压裂等增注措施。

7. 注水井油压下降的故障

故障现象：

（1）注水井测试过程中，井口油压表示值或流量计测得压力突然下降较多。

（2）注水井注水压力下降，而注水量反而增加。

分析原因：

（1）地面因素：地面管线漏，压力表损坏或水表不准。

（2）井下因素：封隔器失效，管外水泥串槽，底部单流阀密封不严或脱落，水嘴脱落或刺大；油管漏失、脱落等。

（3）地层因素：采取增注措施后，油层吸水能力增强或层间矛盾突出。

处理方法：

（1）及时封堵管线漏失。

（2）更换合适的水嘴；用两支以上流量计，验证水表和压力表以及全井注水量；重新释放封隔器；进行作业处理。

（3）重新调配，合理控制好注水压力和注水量。

8. 电子压力计常见故障

故障现象：

（1）卸开仪器后，仪器内有水珠。

（2）所测压力卡片不完整或仪器未采点。

（3）所测压力不准或压力台阶异常。

（4）回放仪与压力计不能通信。

分析原因：

（1）密封圈损坏。

（2）电池没有电或电池电量不足。

（3）电子压力计有故障或损坏，电子压力计的传感器有故障。

（4）回放仪有故障；电子压力计通信口通信线有故障或未设置采点间隔。

处理方法：

（1）更换压力计密封圈。

（2）测压前应给回放仪及压力计的电池充足电。

（3）更换或维修电子压力计的传感器，定期校验电子压力计，重新设置采点间隔，并重新复测。

（4）维修或更换回放仪及通信线，并定期检查电子压力计的通信口。

9. 捞不到偏心堵塞器的故障

故障现象：

打捞偏心堵塞器时，仪器坐入工作筒，上提投捞器，指重装置负荷没有明显变化，井口压力水量无变化，仪器起出后未捞到偏心堵塞器。

分析原因：

（1）投捞器投捞爪角度不合适，配水器内本无堵塞器。

（2）工作筒内腐蚀严重，偏心堵塞器上部有铁锈、泥沙等脏物使投捞爪抓不住堵塞器打捞头；工作筒质量有问题，导向体开口槽与偏心孔不同心。

（3）偏心堵塞器的打捞杆弯曲。

（4）所捞层无堵塞器。

处理方法：

（1）调整投捞器投捞爪角度，使之合适。

（2）大排量洗井后，再进行打捞；修井作业解决，并加强工具下井前的检查。

（3）更换合格的打捞头。

（4）用专用打捞头进行打捞。

（5）重新投送堵塞器如投不进去，打印铅膜验证工作筒是否有偏心堵塞器。

10. 偏心堵塞器捞到但拔不动故障

故障现象：

投捞器坐入工作筒，上提投捞器时，指重器负荷急剧增加，不能上提，卡于工作筒内。

分析原因：

（1）偏心堵塞器“O”型密封圈过盈量太大，使仪器卡住；偏心堵塞器在井下时间过长，造成腐蚀生锈，与偏心孔成为一体；偏心堵塞器凸轮失灵。

（2）偏心孔内有泥沙等杂物，将堵塞器卡死；偏心堵塞器或偏心孔加工不规则，有毛刺变形等质量问题。

（3）压力过高或水量过大，投捞器某部位有螺丝或销钉窜出。

处理方法：

（1）对于捞住后，拔不出来的故障，应采取反复振荡并观察指重表，如采用以上办法仍不能将偏心堵塞器捞出或使投捞器脱卡，可加装地滑轮，加大反复振荡的负荷，也可把来水阀门关死并打开放空阀门，可将钢丝在投捞器绳帽处拔断，改用较粗的钢丝或钢丝绳下入打捞器进行打捞。

（2）如采用以上办法仍然不能有效，将采取作业的办法来解决。

11. 偏心堵塞器投不进去的故障

故障现象：

投送偏心堵塞器时，仪器坐入工作筒，地面压力，水量没有变化，上提仪器时，负荷变化不明显，起出仪器偏心堵塞器未投送成功或掉入投捞器防落袋内。

分析原因：

（1）偏心堵塞器“O”型密封圈过盈量太大；偏心堵塞器加工不规则没装紧或堵塞器弯曲。

（2）偏心孔内有泥沙、铁锈等脏物；偏心工作筒内有堵塞器；偏心工作筒加工不规则。

（3）投捞器投捞爪角度不合适或投捞爪弹簧太软或倒向滑块弹簧失效。

（4）下放过快或操作不平稳中途碰掉。

处理方法：

（1）调整堵塞器“O”型密封圈过盈量的大小，更换堵塞器并将堵塞器装牢使之合适。

（2）大排量洗井后重新投堵塞器；打印铅膜验证后，将原有的堵塞器捞出。

（3）调整投捞器投捞爪的角度，更换投捞爪的弹簧，更换倒向滑块的弹簧。

（4）下放速度不要过快，操作要平稳。

12. 测试时超声波流量计的故障

故障现象：

（1）回放测试卡片，只测出压力而未测出流量。

（2）回放测试卡片，只有流量台阶而未测出压力。

（3）回放测试卡片，测试资料未测完全。

（4）井下流量计测试数据异常。

分析原因：

（1）流量探头损坏。

（2）压力传感器损坏。

（3）测试过程中电池没电。

（4）流量计停测位置不合适或仪器未装扶正器。

（5）测试过程中因操作不当造成流量计损坏。

处理方法：

（1）检查更换流量探头。

（2）检查更换压力传感器。

（3）测试之前将电池电充足；下放或上提时一定平稳，避免仪器损坏。

（4）每次停测一定要将仪器起至工作筒以上 3~5m 处。

（5）测试过程中，仪器起下要平稳。

13. 回放流量计测试数据时的故障

故障现象：

（1）数据回放不出来。

（2）打开电源回放仪没有显示。

（3）回放仪打印机不工作。

（4）打印测试卡片时，打印纸不能自动卷出，或打印一部分就停止。

分析原因：

（1）通信电缆有故障；通信电缆与回放仪通信口接触不良，测试仪器有故障。

（2）回放仪电池没有电，回放仪电源开关失灵。

（3）打印机有故障或电池电量过低打印机无法工作。

（4）打印机驱纸机构有故障，或打印机卡死，或者是没有打印纸了。

（5）仪器上下探头损坏不采集数据。

处理方法：

（1）维修或更换通信电缆，检查回放仪通信口，如有故障应及时修理；排除仪器故障。

（2）回放仪有故障应及时排除，回放仪电池亏电，应及时充电。

（3）及时充电，检查维修或更换打印机。

（4）清洁、检查驱纸机构，重新安装打印机。

14. 打捞钢丝时的故障

故障现象：

（1）仪器下井过程中，负荷突然变轻。

（2）打捞矛下井抓住钢丝后，上提遇阻或无法上提。

（3）打捞矛抓住钢丝后，上提一段距离后，负荷突然变轻。

分析原因：

（1）打捞前打捞工具未连接紧固或新钢丝未下井松扭力，或绳帽不合格使仪器倒扣落井，造成打捞工具脱扣掉入井内。

（2）打捞工具下放太深，造成井下钢丝成团，打捞工具从绳帽拔脱。

（3）捞住钢丝后直接上起，导致打捞矛的钩、齿未挂牢靠，上提时钢丝又掉入井内。

处理方法：

（1）打捞工具下井前要连接紧固，新钢丝一定要先下井松扭力。

（2）打捞钢丝前，要估算出钢丝大概位置，打捞工具下井一定要慢，要逐步加深。

（3）捞住钢丝后一定要直接上起打捞矛，让打捞工具抓紧钢丝。

（4）下放、上提钢丝速度一定要慢。

（5）上提时，操作人员一定要随时注意指重器的变化，负荷突然增加应立即停止上提。

15. 测试仪器掉入井内的故障

故障现象：

打捞落物过程中，工具遇卡，上提时钢丝拉断、打捞工具脱扣或在井口撞断造成测试工具、仪器掉入井内。

分析原因：

（1）钢丝质量有问题，钢丝有砂眼，或长期磨损，有裂痕，硬伤痕；钢丝绳结没有打好、钢丝跳槽等原因造成钢丝断，致使打捞工具掉入井内，操作不稳，没有反复活动。

（2）转数表不转或跳字造成计量深度不准，而撞击堵头，使打捞工具掉入井内或绞车岗精力不集中撞击堵头。

（3）仪器、工具的连接部位未上紧造成打捞工具脱扣而使打捞工具掉入井内或打捞工具焊接不牢固，落物卡得太死，抓住落物后勾被拉坏。

（4）负荷过重，未安装地滑轮造成滑轮或防喷管折断而将钢丝拉断。

处理方法：

（1）定期检查钢丝质量，是否有砂眼，或磨损；钢丝的绳结一定要打结实；起下钢丝一定要平稳，防止钢丝跳槽；调整滑轮与堵头使之同心。

（2）经常检查及维修转数表，如有故障及时维修或更换。

（3）测试仪器、工具各连接部位一定要紧固防止脱扣事故的发生。

（4）维修或更换合格的滑轮，防止因滑轮质量问题而造成钢丝断裂而使钢丝落入井内。

（5）如以上方法不能排除故障，上报作业处理。

（6）平稳操作，精力集中。

16. 卡瓦打捞筒打捞落物时故障

故障现象：

（1）卡瓦打捞筒捞不到落物。

（2）捞到落物后拔不动。

（3）起出仪器后，卡瓦筒部件损坏或井下仪器脱扣。

分析原因：

（1）落物被脏物填埋，落物的鱼顶变形。

（2）落物在井下卡钻严重或管柱变形。

（3）卡瓦筒与压紧头拉脱、卡瓦片损坏或绳帽从螺纹处拉脱。

处理方法：

（1）采用反洗井的办法将脏物洗出，在下铅模探明落物鱼顶扣形，根据鱼顶形状制作打捞工具。

（2）卡瓦筒下井前与振荡器连接好，抓住落物后反复振荡，直到解卡为止。

（3）仪器下井前要认真检查并将各连接部位紧固好。

（4）上述方法无效则报作业解决。

17. 测试时螺纹脱扣的故障

故障现象：

仪器工具起下过程中，指重器显示负荷降低，仪器起出后仪器螺纹部分脱扣掉入井内。

分析原因：

（1）密封圈破损，仪器各部位未上紧。

（2）仪器螺纹磨损或错扣，仪器使用时间过长，没有更换或操作不稳，猛拔猛起造成仪器脱扣。

（3）绳结不合格，在绳帽中转动不灵活，造成仪器退扣。

（4）新钢丝下井之前未先下井预松扭力。

处理方法：

（1）下井前各螺纹连接部位要紧固，密封圈有损坏现象要及时更换。

（2）若螺纹有损坏，应停止使用。

（3）下井前要检查绳结在绳帽内的转动情况。

（4）新钢丝下井之前一定先下井预松扭力。

18. 钢丝跳槽的故障

故障现象：

在仪器上提或下放过程中，钢丝突然松弛从滑轮槽内跳出。

分析原因：

（1）下放速度快，突然遇阻。

（2）下放速度慢，钢丝放得太松。

（3）操作不平稳，导致钢丝猛烈跳动。

（4）滑轮不正，未对准绞车或轮边有缺口。

（5）提仪器前，未去掉密封帽上棉纱之类的东西。

（6）车辆未拉手刹或未掩木墩，使车辆移动造成钢丝跳槽。

处理方法：

下放钢丝一定要平稳操作，控制好刹车。发现跳槽后绞车岗应继续下放钢丝，不能刹车，井口岗立即紧死堵头压盖使钢丝不再下落，井口岗将钢丝扶入滑轮槽，并查明跳槽原因，将车辆停稳，拉紧手刹掩好掩木。

19. 钢丝拔断的故障

故障现象：

上提仪器时，负荷突然增大后又突然降低，钢丝出现松弛现象，起出后钢丝变短，或测试仪器、工具掉入井内。

分析原因：

（1）钢丝质量不好，有砂眼、内伤或死弯。

（2）钢丝使用时间过长，没有及时更换。

（3）绳帽打得不合要求，圆环有裂痕或圆环拉出。

（4）操作不平稳，仪器通过工作筒时速度过快或油管有变形的地方。

（5）仪器在起下过程中突然遇卡，未及时停车或卸掉负荷，或仪器有销钉窜出遇卡，未及时停车或卸掉负荷，使钢丝拨断。

处理方法：

（1）定期检查钢丝质量，定期更换测试钢丝，检查下井仪器各部位。

（2）钢丝绳结必须打结实，严格检查小圆环有无伤痕，如有伤痕应重新打绳结。

（3）起下过程中随时观察指重器的负荷变化。

（4）操作一定要平稳，禁止猛起、猛放。

（5）在仪器未出工作筒或斜井中上提仪器时，速度不超过60m/min。

20. 卡钻的故障

故障现象：

仪器工具上提过程中，指重器负荷增大，仪器不能上提。

分析原因：

（1）井内有落物，造成仪器卡钻或打捞堵塞器时，上起速度过快，造成堵塞器滤网脱落与投捞器挤在油管内，使投捞器卡在油管内。

（2）分层测试井中的水质不好，有脏物，仪器卡在工作筒内。

（3）工作筒有毛刺，工具、仪器螺钉退扣，下井工具不合格。

（4）出砂或严重结蜡造成仪器卡钻。

（5）井斜、仪器长，别劲大，管柱变形。

处理方法：

（1）有落物的井，必须打捞落物后，方可下仪器测试，打捞堵塞器时一定要匀速起下。

（2）仪器在上提或下放过程中如有遇卡现象，不硬拔、硬下。应勤活动，慢起下。

（3）仪器通过工作筒时速度要缓慢，通过后再用正常的速度起下，若仪器在工作筒内卡住，不硬拔，勤活动，慢上提。

（4）注意检查下井工具的质量。

（5）起下过程中随时观察指重器的负荷变化。

21. 钢丝在井口关断的故障

故障现象：

关阀门时钢丝从测试堵头弹出，测试仪器、工具带部分钢丝掉入井内。

分析原因：

（1）操作人员思想不集中，配合不好将钢丝关断。

（2）转数表失灵或跳字，仪器没有起到防喷管内，既没有听到声音又未进行试探闸板，而关死阀门导致钢丝关断，或总阀门没有完全打开，仪器撞击总阀门，员工误以为撞击堵头将钢丝关断。

（3）测试时井口没有挂牌或把清蜡阀门与总阀门用钢丝绑住后，试井人员离开。采油工关阀门，把钢丝关断，造成钢丝和仪器落入井内。

处理方法：

（1）仪器下井前一定将总阀门和测试阀门全部打开。

（2）各岗位密切配合，思想集中，听班长命令方可关闭阀门，用钢丝将井口绑住或挂牌。

（3）仪器起到井口时，一定要先听声音，后试探闸板后，确认仪器进入防喷管后，方可关闭阀门。

（4）进行不关井测压或测恢复压力时一定要与采油工联系交谈后方可离开。

22. 测试时计数器或计量装置突然失灵的故障

故障现象：

测试过程中，计数器出现跳字、卡字或停止计数的现象。

分析原因：

（1）计数器传动软轴断裂或连接不牢固，转数表与传动软轴安装不协调别劲。

（2）计量轮轴承损坏，导致计量轮不能转动。

（3）冬季施工时，绞车温度过低造成计量轮冰卡或打滑等。

（4）机械计数器内齿轮损坏或卡死或电子计数器线路故障造成断电。

处理方法：

（1）发现转数表失灵，应立即停车，查明原因，并记清已经起下的深度，然后根据实际情况决定起下。

（2）若下仪器时发现失灵，下入深度不多，可将仪器摇至井口，对好转数表后再下；下深较多，可事先计算好还需下入深度，将转数表对零后再下；属分层测试出现则不必停车，可直接将仪器坐入层段后，再检查处理。

（3）上起仪器过程中发现转数表失灵，也应立即停车，查明原因，并记清已经起上的深度，计算好还需上起的深度，将转数表归零后再上起；若还需上起深度不多时，应用手摇将仪器起至井口，防止从井口撞掉仪器发生事故。

23. 钢丝从绞车计量轮处跳槽的故障

故障现象：

测试过程中，钢丝从计量轮处跳出，计数器不工作。

分析原因：

（1）仪器下放速度快，突然遇阻所致，钢丝压紧轮松动或未压紧，使钢丝从计量轮处跳出。

（2）下仪器过程中钢丝绷得不紧，突然遇阻，未及时将刹车刹住。

（3）大小轮使用过长，间隙磨损过大。

（4）转数表架子保养做得不好或小轮轴承损坏，造成间隙过大，压紧轮和计量轮咬合不适宜或未将钢丝压紧等导致。

处理方法：

发现跳槽后，绞车岗应继续下放钢丝，不许刹车，并立即通知中间岗和井口岗，井口岗应立即紧死堵头压盖使钢丝不再下落，中间岗拉住钢丝，绞车岗将钢丝扶入转数表架子量轮槽内，查明跳槽原因后，决定起下仪器。如是压紧轮问题应调整或更换压紧轮使之与计量轮咬合紧密。

24. 联动测试时电流变大的故障

故障现象：

正常测试时地面控制箱电流表示值超出正常范围，同时控制箱发出过载报警。

分析原因：

（1）电缆头进水，造成短路。

（2）电缆质量原因，造成短路。

（3）绞车电缆滑环接头短路。

（4）井底堵塞器调不动。

（5）井下测调仪有故障。

处理方法：

（1）重新连接电缆头。

（2）更换质量合格的电缆，或找出电缆短路点视情况切除或更换电缆。

（3）检查滑环接头找出故障点排除。

（4）打捞出堵塞器并更换合格的堵塞器。

（5）维修更换井下测调仪。

25. 联动测试井下堵塞器调不动的故障

故障现象：

对可调堵塞器进行调整时，地面控制箱，电流变大，反复调整水量没有明显变化。

分析原因：

（1）可调堵塞器损坏或卡死。

（2）测调仪机械调节臂有故障。

（3）堵塞器水嘴被卡死。

（4）测调仪加重不够或堵塞器调节接头内有脏物，造成调节头和堵塞器结合不紧密。

处理方法：

（1）如是堵塞器损坏，应下入投捞器将损坏的堵塞器捞出，再投入好用的可调堵塞器后，进行调配。

（2）将测调仪起出，在地面修理好机械调节臂，并进行试调后，再下入井进行调配。

（3）调节头与堵塞器结合不好，可适当加重，或洗井后重新调配。

26. 注水井联动测调仪的故障

故障现象：

地面计算机发生操作指令后，井下仪不工作或地面控制箱显示电流值增大。

分析原因：

（1）密封圈失效或密封胶带不严，致使电缆头进水。

（2）测试时电流超出电动机的工作电流，致使电动机损坏。

（3）井底太脏；调节臂内部零件有损坏，或内部污垢过多。

（4）钢丝绳有断裂或断股的现象。

（5）密封圈过度磨损或缺损造成测试水量不准。

（6）各传感器出现故障，或仪器内部集成电路板有损坏。

处理方法：

（1）更换密封圈。

（2）找出电流过大的原因，排除故障。

（3）分解调节臂，清洗各个零件，更换损坏的零件。

（4）更换新的钢丝绳。

（5）更换密封圈。

（6）检查维修各个部件，如不能使用则更换，重新标定后才能使用。

（7）更换导向锁块或弹簧。

27. 联动测试车载逆变电源的故障

故障现象：

（1）输出电压不稳定。

（2）打开电源开关无反应。

（3）逆变电源工作时，时断时续。

分析原因：

（1）逆变电源稳压功能不正常。

（2）电源开关接触不良或损坏。

（3）车辆颠簸造成接线柱松动。

处理方法：

（1）更换逆变电源稳压器。

（2）重新连接电源开关或更换电源开关。

（3）定期检查接线柱，如有松动及时紧固。

28. 联动测试液压电缆绞车的故障

故障现象：

（1）拉动操作手柄，控制压力不发生变化。

（2）液压马达转速低。

（3）系统噪声过高。

（4）液压油内有泡沫或气泡。

（5）液压油呈现白色或乳白色。

（6）油量过大，升温过快。

分析原因：

（1）油箱开关未打开或滤油器堵塞，调压阀失灵或操纵杆损坏。

（2）液压马达或液压泵磨损严重，造成容积效率下降。溢流阀及其他元件失灵，内泄过大。

（3）螺栓松动或系统内存有空气。

（4）吸油管内进入空气。

（5）液压油内有水。

（6）溢流阀损坏，自动卸载造成泵及马达内泄大或紧急泄压阀没有关闭。

处理方法：

（1）检查油箱阀门和滤油器，检查操纵杆和紧急泄压阀。

（2）检查液压泵、液压马达、溢流阀等。

（3）检查液压油箱的气泡，旋紧管连接；检查过滤器顶盖上的密封圈是否完好；检查马达固定螺栓。

（4）检查旋紧吸油管接头。

（5）更换新的液压油。

29. 测试绞车常见的故障

故障现象：

（1）排丝器不工作，电缆或钢丝排列不整齐。

（2）电子计数器或电子指重器不显示。

（3）刹车失灵。

（4）液压动力不足。

（5）滚筒转动不平稳或有异响。

分析原因：

（1）滑块损坏或缺油，麻花轴损坏，起下仪器操作不稳或速度过快。

（2）连接线断、电源开关有故障或未打开。

（3）刹车带磨损严重或连接件腐蚀、断裂。

（4）油路堵塞、液压油位过低或控制阀调试不当。

（5）滚筒轴承损坏。

处理方法：

（1）加注润滑油更换滑块或麻花轴。

（2）检查电源线路。

（3）检查更换刹车带或连接件。

（4）排除堵塞或加注相同型号液压油、重新调试控制阀。

（5）更换轴承。

（6）平稳操作匀速起下仪器。

30. 影响测试的抽油机常见故障

故障现象：

因抽油机电路、设备或深井泵存在问题，而无法进行正常测试。

分析原因：

（1）井筒内壁结蜡，砂卡或衬套乱。

（2）抽油杆的韧性不够或使用时间过长，抽油杆质量有问题。

（3）驴头顶丝没有或松动，驴头有落物落下。

（4）悬绳器脱离抽油杆，悬绳器有电火花。

（5）长时间使用经常大负荷工作造成卡子松，或卡子没有紧固好。

（6）毛辫子使用时间长或毛辫子出槽造成毛辫子断股没有及时更换，悬绳器无销子。

（7）配电箱内的电路部分老化或有松动使用时产生弧光或火球伤人。

（8）刹车不灵或无刹车，连杆硬度或刹车手柄无法固定。

处理方法：

（1）采用热洗的方法解除井壁结蜡现象，采用作业的方法解决砂卡及衬套乱。

（2）选择质量合格的抽油杆，抽油杆使用一定时间后要及时更换。

（3）安装驴头顶丝并紧固好，安装完驴头后检查驴头内有无异物或工具。

（4）悬绳器上安装挡板并上紧，检查配电箱内是否有外接电，并察看有无接地线。

（5）要经常检查卡子是否松动，如有松动应及时紧固。

（6）检查毛辫子是否有断股现象，如有应及时更换，给悬绳器安装销子防止毛辫子出槽。

（7）经常检查电路是否松动或老化，如有松动或老化应及时紧固或更换。

（8）采用质量合格的刹车杆，对刹车经常进行保养，如果刹车有故障应及时修理。

31. 综合测试仪常见故障

故障现象：

（1）打开载荷位移传感器电源开关，没有蜂鸣音且指示灯无显示。

（2）位移拉线拉不动，拉线有卡阻现象，或所测冲程与实际不相符。

（3）测试时综合测试仪测试功能失效，无法继续操作。

（4）测试液面时击发后，无反应。

（5）打开套管阀门时，有漏气现象。

（6）测试液面时曲线不合格。

（7）综合测试仪进行通信时无反应。

分析原因：

（1）载荷位移传感器电源开关损坏，电池没有电，开焊或断线。

（2）位移拉线齿轮掉齿，产生位移漂移大。

（3）测试仪在录取资料过程中，出现死机现象。

（4）微音器连接线断或微音器损坏。

（5）井口连接器接头螺纹损坏或放气阀损坏，漏气严重。

（6）增益调整不合理，微音器脏。

（7）因通信电缆或通信端口出现故障，通信失败。

处理方法：

（1）更换电源开关或重新焊接断线。

（2）维修后重新标定。

（3）关机，重新开机。

（4）检查微音器连接线进行修复或更换。

（5）更换接头或放气阀，重新测试。

（6）重新调整增益，清洗微音器室及微音器，如有损坏及时更换。

（7）维修或更换通信电缆或通信端口。

第三章　巧计绝活与技术革新

第一节　油水井阀门解冻装置

1. 问题的提出

大庆油田属于高寒地区，特别是在冬季油水井测试时，经常会遇到井口阀门被冻死的现象。通常采用的解冻方法是用热水浇、锅炉车刺进行处理，但受时间和条件的限制很难及时处理，影响正常生产测试，给测试操作人员造成很大困难。为解决该问题提高油水井测试效率，我们研制了油水井阀门解冻装置。

2. 革新的内容及解决方法

1）油水井阀门解冻装置结构

油水井阀门解冻装置如图 3–1 所示，由鼓风机、加热器、控制电路组成，如图 3–2 所示。

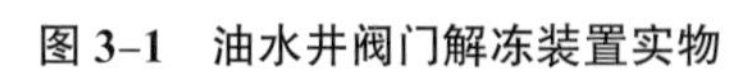

图 3–1　油水井阀门解冻装置实物

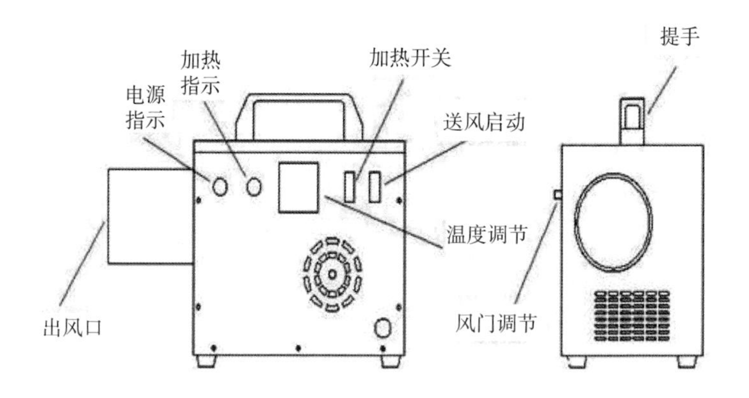

图 3-2　油水井阀门解冻装置结构

2）油水井阀门解冻装置各部分的功能：

（1）出风口：热能送出出口，可将其对准冻结部位，由出口吹出的热风使冻结部位快速解冻。

（2）电源指示：通电后指示灯亮，提示设备带电。

（3）加热指示：该灯亮，油水井阀门解冻装置开始加热。

（4）加热开关：打开该开关，油水井阀门解冻装置开始工作。

（5）送风启动：温度达到要求，打开该开关，油水井阀门解冻装置工作。

（6）温度调节：用来调节出风口温度高低。

（7）风门调节：用来调节出风口风量大小。

（8）提手：用来携带油水井阀门解冻装置。

（9）电源线：油水井阀门解冻装置供给线路。

（10）漏电保护器：当油水井阀门解冻装置发生意外漏电起保护作用。

3）油水井阀门解冻装置主要参数：

（1）温度：30s 出口温度 45~85℃。

（2）出风量：45L/s。

（3）最大功率：1500W/h。

4）油水井阀门解冻装置工作原理

接通电源后，经过开关给绕在云母片支架上的电阻丝供电，电阻丝有两组分别由开关控制，以实现高低温挡的选择。在云母片支架的后面有一小型直流电动机，电动机上有一风扇共同组成轴流风机给电阻丝鼓风，来产生高温气流。在低温电阻丝上有一抽头经桥式整流后给小电动机供电。在电热风的最后面有一风量调节罩，用手即可调节进风量的大小，来实现进风量的控制。空气经过风量调节罩控制空气流量后，经过轴流风机给电阻丝鼓风，产生的高温气流由前端吹出，最终达到阀门解冻目的。

5）操作步骤

（1）电源接通，打开开关，母片支架上的电阻丝加热。等待温度达到。

（2）温度达到后将出风口对准加热部位，打开送风开关。

（3）电阻丝持续加热，热风持续送出。对加热部位持续加热直至解冻。

6）注意事项

（1）由于出口温度较高，使用中勿将其出口对人或易燃物等，避免造成意外伤害。

（2）维修检查时，电源指示灯一定不能亮。

（3）人员操作时注意，避免触电事故的发生。

3. 实施效果

该装置投入使用后，提高生产效率，消除安全隐患。既可减轻员工的劳动强度，又可提高工作效率。该成果于 2009 年 1 月获大庆油田重大技术革新三等奖。

第二节　环保防盗套管油气装置

1. 问题的提出

在油田生产过程中，盗油、盗气活动时常出现，给员工无形中增加了许多的工作量。同时，也给环境造成极大的污染，如图 3–3 所示，给国家和社会造成极大的损失。为了能够更大程度上杜绝偷盗现象出现，我们研制了环保防盗套管油、气装置。

图 3–3　盗油现场

2. 革新内容及解决方法

1）环保防盗套管油气装置结构如图 3–4 所示，

由环保防盗套管油气装置主体、上下密封滑板、密封圈三部分组成。

2）环保防盗套管油气装置各部作用：

（1）环保防盗套管油气装置主体：上接油管挂，下接油管。外部有螺旋滑道供下滑板上下滑动。同时，固定上滑板。

（2）上下密封滑板：两滑板上有不同位置的通气孔，正常工作时确保油气通道畅通，紧急情况时上下滑板闭合，关闭油气通道。

（3）密封环：用来密闭油气通道。

3）环保防盗套管油气装置技术参数

（1）主体材料：$45^{\#}$ 不锈钢。

（2）密封圈：耐油橡胶。

图 3–4　环保防盗套管油气装置

4）操作步骤

（1）环保防盗套管油气装置安装在油管挂下，与油管连接，如图 3–5 所示。

（2）当套管放空阀门打开后，在套管气压力作用下，迅速将活动挡板顶起，将套管油套环形空间封闭，使套管内气、液无法外排，杜绝通过套管放空装置偷盗油、气的行为。

（3）在测试时安装井口连接器后，打开套管阀门，由于仪器与油套环行空间压差较小，无法将活动挡板顶起，可以正常测试洗井等工作。

图 3–5　安装环保防盗套管油气装置

5）注意事项

（1）安装前注意检查环保防盗套管油气装置密封环是否完好。

（2）安装时注意检查环保防盗套管油气装置上下方向。

3. 实施效果

经过几年在实际生产中应用，该环保防盗套管油气装置，既不影响液面采集工作，同时可防止不法分子盗油、盗气造成的环境污染，杜绝了采油井口油、气丢失现象，获得了可观的经济效益和社会效益。该成果于 2013 年获大庆油田第三采油厂创新创效优秀技术革新二等奖。

第三节　测试仪器防掉堵头

1. 问题的提出

在注水井测试过程中，由于测试车辆上计数器和钢丝压轮失灵，导致计数器误差或人员操作失误，出现仪器撞堵头发生落物的现象，一是影响测试进度，二是增加工作量。为了防止仪器撞堵头发生落物，我们研制测试仪器防掉堵头。

2. 革新内容及解决方法

1）测试仪器防掉堵头结构

如图 3–6 所示，由测试仪器防掉堵头主体、卡瓦套、堵头压帽三部分组成。

测试仪器防掉堵头主体由绳帽头、挡片、卡瓦、顶杆、弹簧、丝帽、密封圈组成。

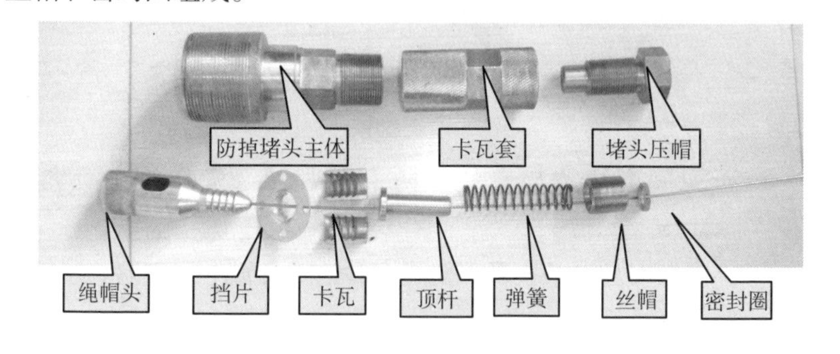

图 3–6　测试仪器防掉堵头

2）测试仪器防掉堵头各部作用

如图 3–7 所示。

（1）测试仪器防掉堵头主体：内腔用于安装挡片、卡瓦、顶杆、弹簧、丝帽、密封圈；密封防喷管上部，确保测试钢丝通过。

（2）卡瓦片：上起仪器过程中，当冲击力大于弹簧力时卡瓦片卡住绳帽头。同时在卡瓦力的作用下夹住绳帽头，防止仪器下落。

3）测试仪器防掉堵头技术参数

（1）测试仪器防掉堵头主体：45$^{\#}$ 钢。

（2）卡瓦片：45$^{\#}$ 钢。

4）操作步骤

（1）在测试堵头底部加工出缓冲区，在缓冲区内加入卡瓦。

（2）在计数器出现问题时，仪器冲入缓冲区内。

（3）钢丝被拉断前，仪器被卡瓦捉住，防止仪器掉入井下，造成落物事故，如图 3–8 所示。

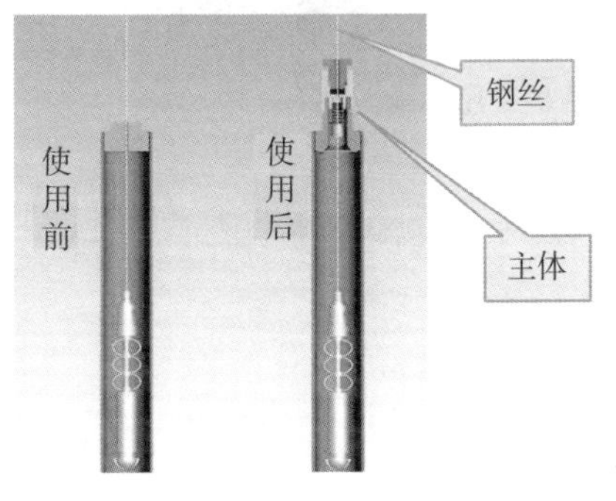

图 3–7 测试仪器防掉堵头结构

图 3–8 测试仪器防掉堵头应用

3. 实施效果

使用防掉堵头后，测试队中因仪器撞堵头落物的事故已经杜绝，避免了因仪器撞堵头落物的事故造成的无效作业，节约了大量的作业费用。同时，也避免了作业造成的环境污染。该成果于 2012 年获大庆油田重大技术革新三等奖。2013 年获得国家实用新型专利。

第四节 采油井专用多功能工具

1. 问题的提出

随着油田开发的不断深入，地面井口工艺不断更新，新型组合井口、井口防盗组合阀等井用设施逐渐增多，与此同时各种维护专用工具的种类也不断增加。由于新老工艺共存，岗位工人上井检查维护时，要携带多达 6、7 种各式各样的工具，如图 3–9 所示，给员工的日常工作增加了负担和不便。

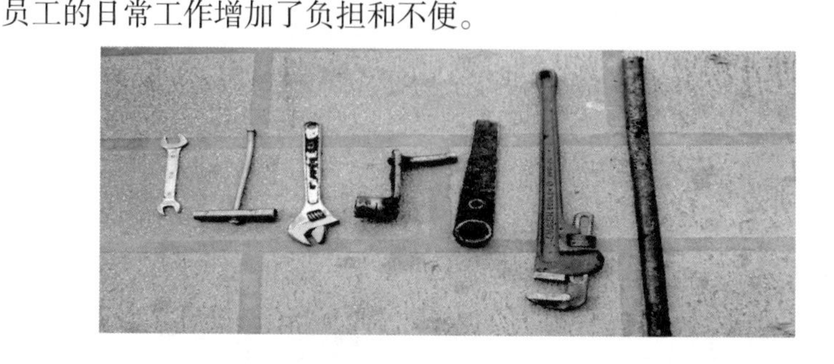

图 3–9　各种维护专用工具

为了减轻员工的劳动强度和提高工作效率，我们研制出采油井专用多功能组合工具。

2. 解决的方法及技术规范

1）多功能组合工具的结构

如图 3–10 所示，该组合工具的主体由车床加工而成，再把各种型号的组合阀套筒焊接在一起，组成多功能组合工具。

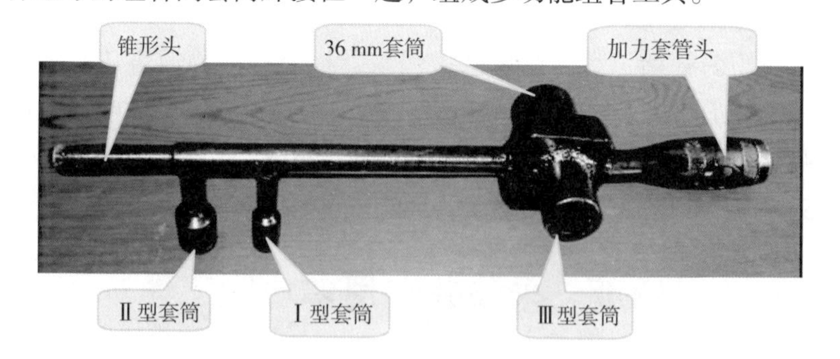

图 3–10　多功能组合工具

2）技术规范

（1）多功能组合工具中锥形头的用途。

锥形头是组合工具的主体部分，由车床加工而成，可在更换调整抽油机皮带时用于调整电动机顶丝，如图 3–11 所示。

图 3–11　调整电动机顶丝

（2）组合工具中 36mm 套筒的用途。

① 36mm 套筒是焊接在组合工具主体上的，可用于调整紧固卡箍螺栓，如图 3–12 所示。

图 3–12　调整紧固卡箍螺栓

② 36mm 套筒还可以用于开关 250 型防盗阀门手轮，如图 3–13 所示。

图 3–13　250 型防盗阀门手轮

（3）组合工具中加力套管头的用途。

加力套管头是组合工具主体部分，由车床加工，可用于调整密封盒压帽松紧度，如图 3–14 所示。

图 3–14　调整密封盒压帽松紧度

（4）组合工具中 I 型套筒的用途。

I 型套筒是焊接在组合工具主体上的，可用于井口防盗组合阀、开关取样阀门、油压表和套力表闸门，如图 3–15 所示。

图 3-15　防盗井口取样阀门

（5）组合工具中Ⅱ型套筒的用途。

Ⅱ型套筒是焊接在组合工具主体上的，可用于井口组合阀开关出油阀门、掺水阀门和直通等各种阀门，如图 3-16 所示。

图 3-16　防盗井口组合阀

（6）组合工具中Ⅲ型套筒的用途。

Ⅲ型套筒是焊接在组合工具主体上的，可用于开关井口特殊组合阀上的阀门，如图 3-17 所示。

图 3-17　井口特殊组合阀

（7）组合工具中由Ⅰ型套筒和Ⅱ型套筒所形成的 F 形扳手，可用于调整开关各种阀门手轮，如图 3-18 所示。

图 3-18　调整开关阀门手轮

3. 实施效果

采油井专用多功能工具的研制是从方便岗位员工的使用为出发点，把原使用的多种工具组合成一件多功能工具，且大小适中、携带方便。该组合工具加工简单、成本低。该工具操作简便，既能减轻员工的劳动强度和提高工作效率，又能减少停机时间提高抽油时率。目前已在大庆油田第三采油厂推广使用。该成果于2006年12月获大庆油田重大技术革新三等奖，并于2007年9月获得专利，专利号：ZL200620132071.8。

第五节　抽油机刹车座的改进

1. 问题的提出

现场抽油机刹车在使用过程中，中间轴和凸轮轴经常出现锈蚀现象，使刹车连杆受力弯曲无法传递动力，导致制动性能下降，存在安全隐患，如图3–19所示。抽油机的刹车系统是非常重要的操作控制装置，其制动是否灵活可靠，对抽油机操作的安全起着决定性作用。为了解决该技术问题我们对刹车支座和凸轮轴支座进行改进。

图3–19　抽油机刹车机构

2. 革新内容

1）刹车支座的改进

如图 3–20 所示，将刹车支座轴套两端加工出两道环形凹槽，安装丁腈耐油橡胶圈，丁腈耐油橡胶圈与支座轴过盈量 0.10mm。

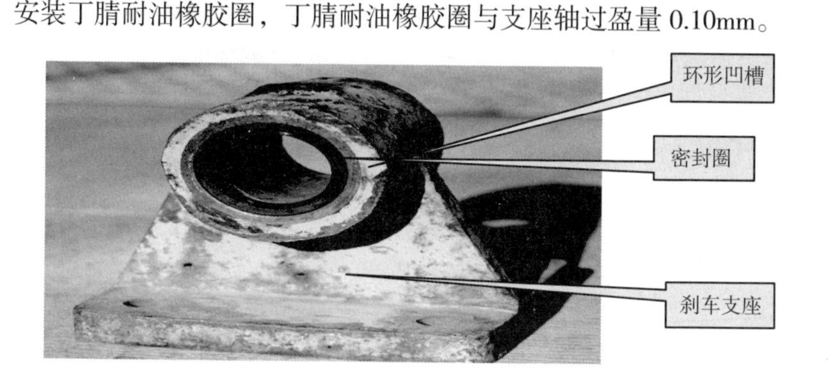

图 3–20　刹车支座

2）凸轮轴支座改进

刹车支座的改进，如图 3–21 所示，将刹车凸轮轴套两端加工出两道环形凹槽，安装丁腈耐油橡胶圈，丁腈耐油橡胶圈与凸轮轴过盈量 0.10mm。

图 3–21　凸轮支座

3）安装步骤

（1）将刹车轴与凸轮轴取下，将刹车轴与凸轮轴两端分别车出内O型槽。

（2）除锈后把两轴杆表面抹少许黄油，装入耐磨的O型橡胶，如图3–21所示。以密封两轴杆与轴座两端之间的间隙。

（3）组装。组装后能达到阻止雨、雪水和杂质的进入，使两轴能够自由转动，这种方法可以应用到所有抽油机刹车装置，如图3–22所示。

图3–22　组装

4）注意事项

（1）环形槽深浅一致，开口均匀。

（2）环形密封圈安装时注意有无破损，及时更换。

3. 实施效果

装置加工成本低，制造简单、安装方便。现在某采油厂使用这种新型刹车装置已经有300多口井，效果明显。该成果于2014年获大庆油田第三采油厂创新创效优秀技术革新二等奖。

第六节　采油井楔入式刮蜡片打捞工具

1. 问题的提出

采油井中的自喷井和电泵井大多采用刮蜡片清蜡。在清蜡过程中，时常发生因机械原因或人为失误造成刮蜡片连同钢丝一起脱落掉入井筒中，由于刮蜡片顶端留有钢丝绳，使打捞工作难度增大，打捞成功率低，同时也影响油井的正常生产。

为解决该难题提高打捞成功率，我们研制出楔入式刮蜡片打捞器。

2. 解决的方法及技术规范

1）楔入式刮蜡片打捞器的结构

由绳帽、加重杆、振荡器和打捞头四部分组成，如图 3–23 所示。

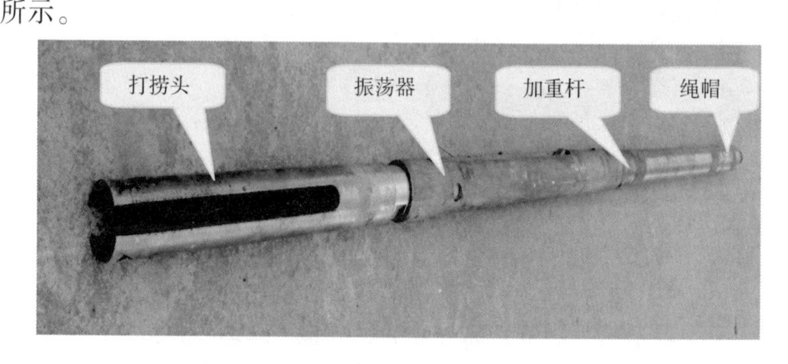

图 3–23　楔入式刮蜡片打捞器组装图

（1）绳帽：全长 120mm，它的头部可与录井钢丝连接悬挂打捞工具，下部内螺纹可与加重杆上部外螺纹相连接。主要作用是连接打捞器与录井钢丝绳，如图 3–24 所示。

（2）加重杆：全长 500mm、重 8kg，上部外螺纹可与绳帽连接，下部内螺纹与振荡器连接。加重杆可与振荡器密切配合便于振荡器在井下工作，还可增加打捞器的重量使其能够顺利下入井筒中，如图 3–25 所示。

图 3–24　绳帽

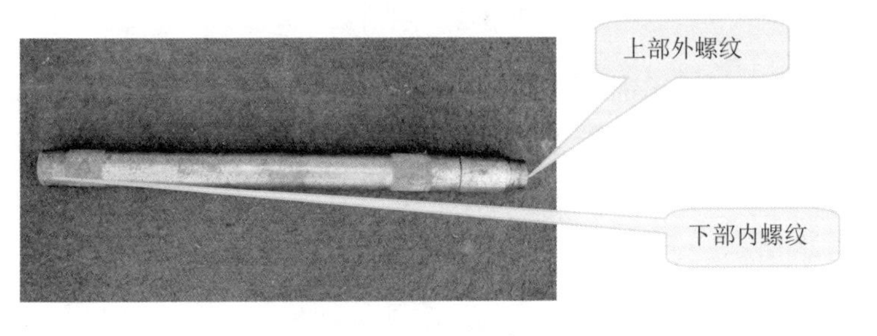

图 3–25　加重杆

（3）振荡器：全长 500mm、振荡行程 300mm，上部外螺纹与加重杆连接，下部内螺纹通过接头与打捞头连接。其作用是在打捞器遇卡时起到振荡解卡的作用，如图 3–26 所示。

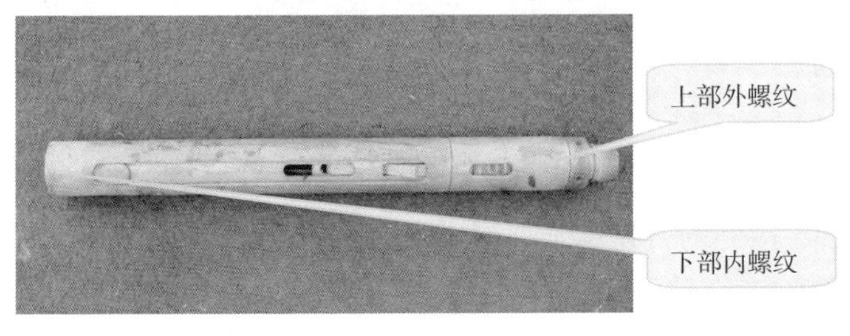

图 3–26　振荡器

（4）打捞头

①打捞头全长 300mm、内腔行程 260mm、内径 40mm，上部内螺纹通过接头与振荡器连接，下部由两个打捞爪组成，如图 3–27 所示。

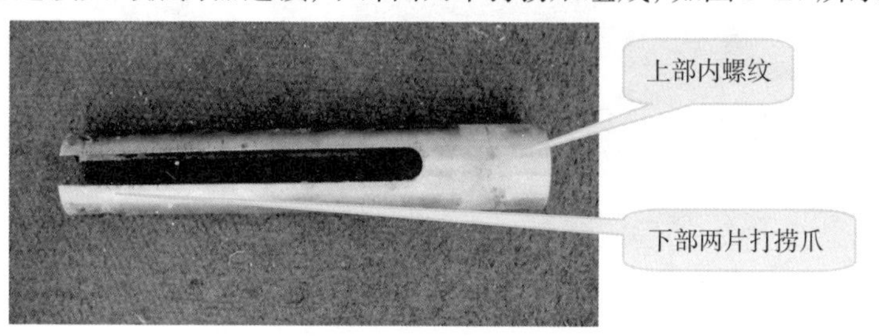

图 3–27　打捞头

②两个打捞爪前端各加工有一个主钩和两个副钩，主钩和副钩的倾斜角度向里在打捞头内腔中。主副钩的作用是锁住楔入到内腔的刮蜡片和接头，防止刮蜡片脱落，确保打捞工作的顺利进行，如图 3–28 所示。

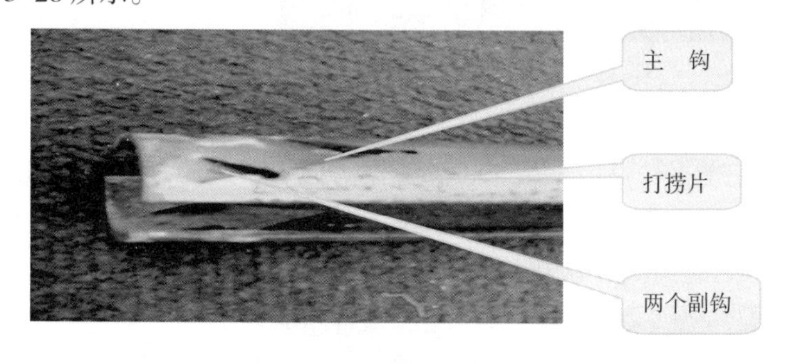

图 3–28　下部两片打捞爪

2）打捞器工作原理

把连接好的打捞器通过录井钢丝连接下入到油井中。打捞器在油管内按一定速度下放，当打捞爪遇到掉落在井下的钢丝绳及绳帽接头时，如图 3–29 所示，由于刮蜡片顶部绳帽及接头的直径小于打捞头内径，所以绳帽接头和刮蜡片便楔入到打捞头内腔，同时两个打捞爪内的主钩和两个副钩将绳帽接头和刮蜡片牢牢钩住并卡紧。上提录井钢丝时打捞器在加重杆和振荡器的作用下振荡解卡，将掉落在井筒中的钢丝和刮蜡片一起捞出。

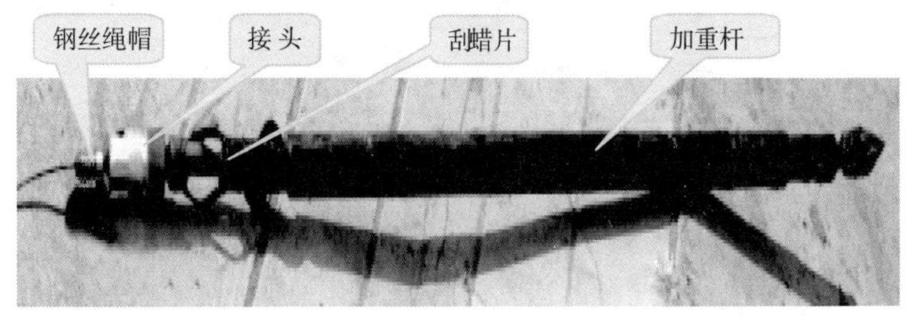

图 3–29　刮蜡片

3. 实施效果

楔入式刮蜡片打捞器结构简单、使用方便。我们已在 15 口落物井上使用该打捞器，其打捞成功率达到 100%。该打捞器通过现场应用，既可减轻员工的劳动强度，又可提高工作效率。该成果于 2009 年 1 月获大庆油田第三采油厂创新创效优秀技术革新三等奖。

第七节　防盗卡箍片

1. 问题的提出

注水井测试过程中，防喷管被盗成为近年来影响测试工作的主要原因。在测试过程中每天中午、晚上将防喷管卸回车内，第二天测试时再将防喷管安装上继续测试，这样做费时费力，而且存在安全隐患。现有技术装备暂时无法解决防喷管被盗问题，我们研制了防盗卡箍解决被盗事故。

2. 革新内容

1）防盗卡箍结构

由套桶扳手、钥匙、异形螺母、防护罩、垫片，卡箍片六部分组成，如图 3–30 所示。

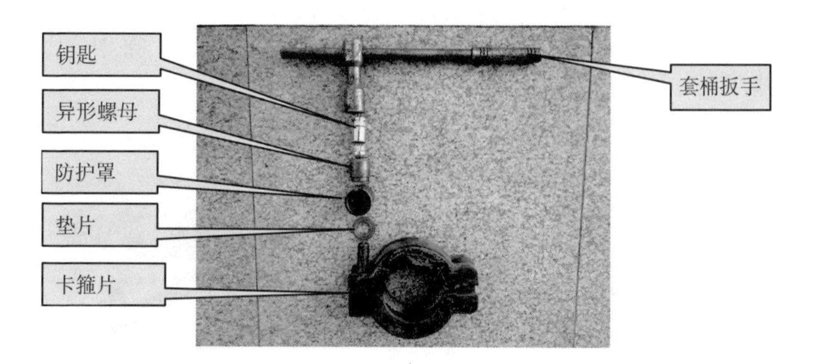

图 3–30　防盗卡箍

2）防盗卡箍各部作用

（1）套桶扳手：拆卸异型螺母的专用工具。

（2）钥匙：打开异型螺母。

（3）异形螺母：避免使用常规工具拆卸，起到一定的防盗作用。

（4）防护罩：避免使用管钳类工具拆卸，起到一定的保护异形螺母作用。

（5）垫片：防护异型螺母的松紧度。

（6）卡箍片：起防盗作用。

3）防盗卡箍技术参数

（1）耐压：25MPa。

（2）材料：45# 钢。

4）操作步骤

将防盗卡箍片装上，安装螺栓、螺母、防护罩，使用异形扳手紧固，如图 3–31 所示。

5）注意事项

（1）防护罩必须使用。

（2）螺母一定紧固到位。

图 3-31　组合防盗卡箍

3. 经济效益

防盗卡箍装置的出现，解决了上述问题。在卡箍螺丝上安装漏斗状防盗护套，只有专用扳手能够伸入护套内将卡箍卸下，而且每个班组使用的防盗护套扳手各不相同，彻底杜绝了防喷管被盗事件的发生。该装置已经得到推广，效果良好。该成果于 2010 年获大庆油田重大技术革新二等奖。2016 年获国家实用新型专利。

第八节　压力表接头的研制

1. 问题的提出

目前油井、计量间、转油站在安装使用压力表时，存在许多的不便。一是装卸压力表时易渗漏；二是表盘方向不能任意固定在便于观测的位置；三是卸压力表时由于没有放空点，表接头内余压易造成刺漏，存在安全隐患。为了解决上述问题我们研制了压力表接头。

2. 革新内容

1）压力表接头结构

由变径接头泄压孔、密封垫、上部接头、下部接头四部分组成，如图 3–32 所示。

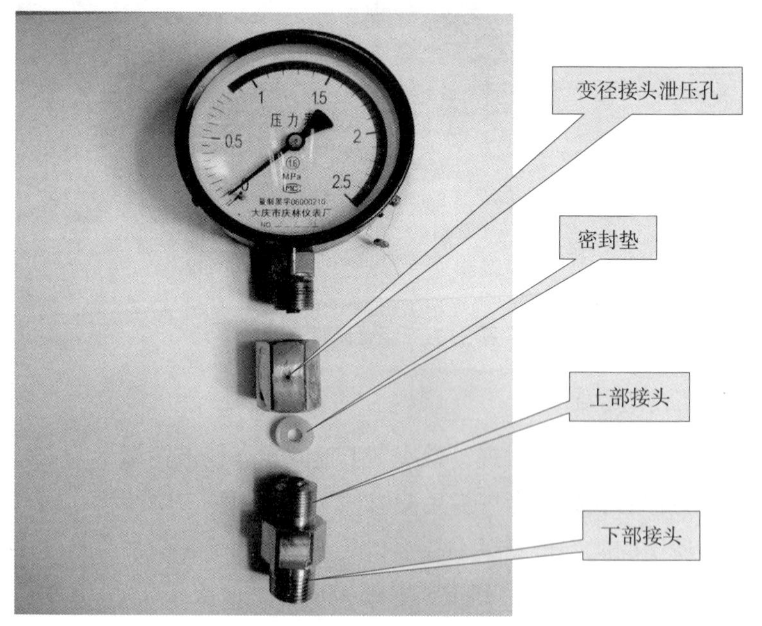

图 3–32　压力表接头

2）压力表对中接头各部作用

（1）变径接头泄压孔：配合压力表与取压阀门使用。

（2）O 型橡胶密封垫：与上下接头配合使用，起到密封的作用。

（3）上部接头：与压力表连接，密封垫与密封台、配合使用。

（4）下部接头：与取压阀连接。

3）压力表对中连接接头技术参数

（1）上部接头：由 90 号黄铜加工，螺纹尺寸 M10mm × 1mm、螺纹长度 10mm。

（2）下部接头：由 90 号黄铜加工，螺纹尺寸 M10mm × 1mm、螺纹长度 10mm。

（3）O 型橡胶密封垫：内径 4mm，外径 7mm，高 2mm。

4）压力表对中连接接头使用方法

如图 3–33 所示。

（1）装压力表时先用扳手将各个部件连接。

（2）然后将 O 型密封垫放入上部接头中，确定表盘位置后，上部接头与下部接头配合，紧固变径接头，组合压力表和阀门。

（3）卸压力表时关闭取压阀门，用扳手卸变径接头使表内余压从泄压孔排出，从而安全地更换压力表。

图 3–33　组合压力表接头

5）注意事项

（1）卸压力表时勿将泄压孔对准人员。

（2）余压未尽不允许拆卸压力表。

（3）上紧力度适中，避免用力过大损坏压力表对中连接接头。

3. 实施效果

使用该装置后，压力表拆装对中工作更加简便易行，员工的安全得到了保障，避免一些安全隐患，几年的近千次使用得到广泛好评。该成果于2013年获得大庆油田第三采油厂创新创效优秀技术革新二等奖。

第九节　抽油机电机防盗螺栓

1. 问题的提出

目前油田电动机固定大多使用螺帽连接，螺帽采用正六角菱形，如图3–34所示，在日常管理过程中经常发生设备被盗现象。为解决现有技术存在的不足，减少财产损失，我们经过近几年的反复实验，研制出较为成熟的电动机螺栓防盗技术。

图3–34　原电动机固定螺栓

2. 革新内容

1）抽油机电动机防盗螺栓结构

由专用钥匙、异形螺栓、圆锥形防护罩、底部垫片、螺栓五部分组成，如图 3–35 所示。

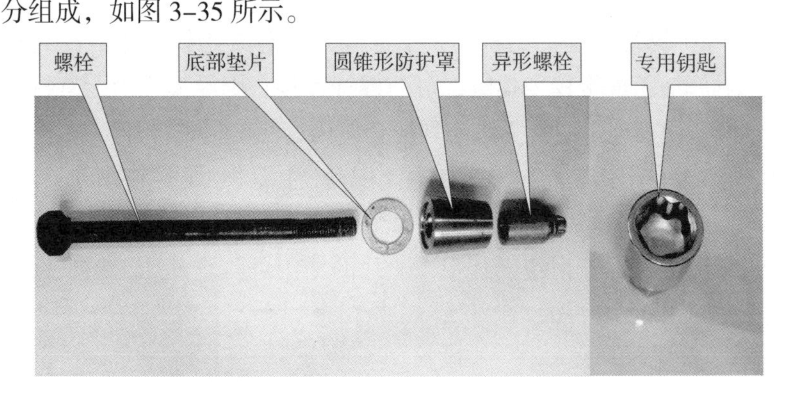

图 3–35　防盗螺栓结构

2）抽油机电机防盗螺栓各部作用

如图 3–36 所示。

（1）专用钥匙：专门用来拆卸异形螺栓的工具。

（2）异形螺栓：避免使用常规工具进行拆卸。

（3）圆锥形防护罩：保护螺母，避免使用管钳类工具破坏拆卸。

（4）底部垫片：起到松紧度作用。

（5）螺栓：保护电动机防盗作用。

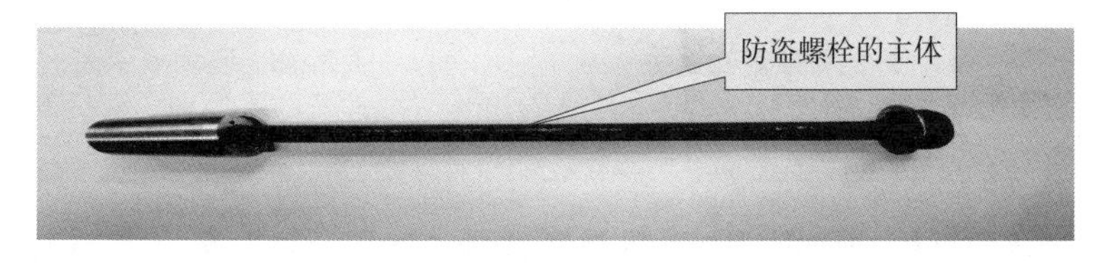

图 3–36　防盗螺栓的主体

3）操作步骤

（1）防护罩的结构为圆锥形，底部加工有防水槽和防水孔，它的作用是可将雨水排除防止螺栓上锈腐蚀。防护罩的功能是防止异形螺栓被常规工用具卸开。

（2）异形螺栓的结构为，上部加工有与专用钥匙相匹配的外齿；下部加工成常规内螺纹，可与螺杆连接，因异形螺栓上有特殊的外齿，使其他工用具无法与其配套使用，所以很难打开。

（3）专用钥匙与异形螺栓只能配套使用，如图 3–37 所示。

（4）底部垫片上平面加工有凸型槽与槽钢配合，下平面加工成凹型槽可将螺栓帽镶嵌其中，垫片的作用可防止其他工用具旋转螺栓，如图 3–38 所示。

4）注意事项

（1）安装时必须安装防护罩。

（2）安装时必须上紧各部螺栓。

（3）保管好专用钥匙，避免丢。

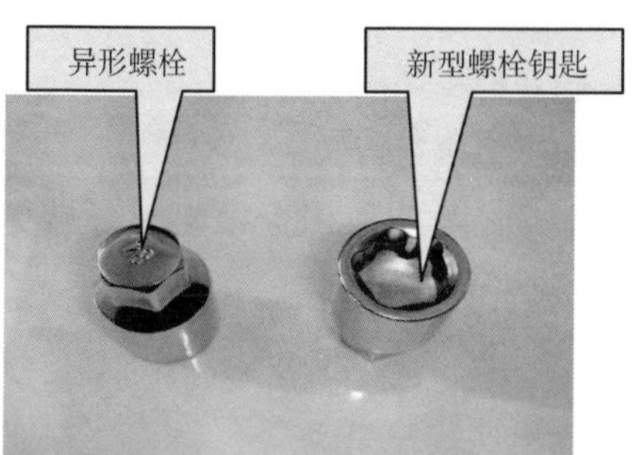

图 3–37　新型螺栓扳手

新型螺栓

图 3–38　安装效果图

3. 实施效果

新型螺栓的使用，电动机被盗数量直线下降，效果十分惊人，保护了国有资产的安全。该成果于 2003 年获得大庆油田第三采油厂创新创效优秀技术革新三等奖。

第十节　注水井通井器的改进

1. 问题的提出

目前油田注水井大多采用经过净化的污水机进行回注，由于注水中含有杂质会造成油管内结垢，导致下井仪器遇阻（卡）的情况发生，无法正常测试。现场一般采用原通井器进行处理，如图 3–39 所示，但是除垢效果差，处理时间长，为此我们对原通井器进行改进。

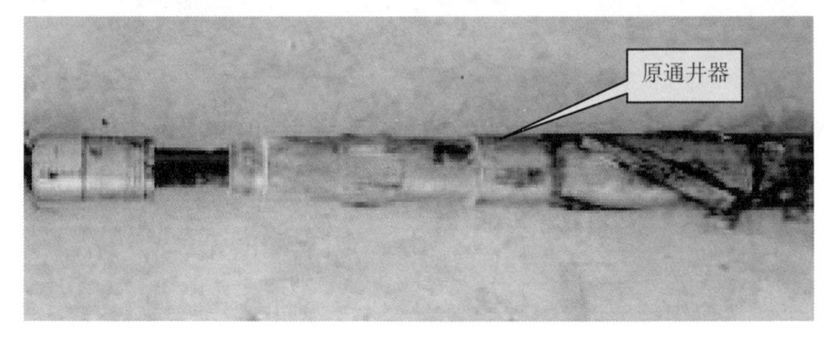

图 3–39　革新前原通井器

2. 革新内容

1）注水井通井器结构

刮蜡器主要由铅模、钢丝刷、中心杆、刮刀四部分组成，如图 3–40 所示。

2）注水井通井器各部作用

（1）铅模：材料铅，直径 44mm，高 10mm；作用是当仪器遇阻时，随时可以打铅模进行验证，避免二次起下仪器。

（2）钢丝刷：钢丝直径 1mm，钢丝组合长度 300mm；用于清除管壁附着物。

（3）中心杆：长 800mm，直径 30mm 用于连接各功能仪器。

（4）刮刀：直径 44mm 用于清除管壁较严重的结垢。

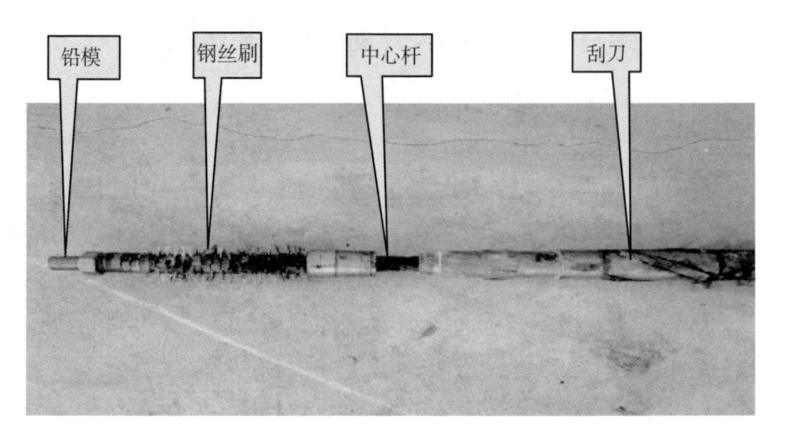

图 3–40　革新后多功能通井器

3）操作步骤

（1）将钢丝穿过绳帽头，长 400mm 打绳节。绳节打好后绳帽头能自由旋转。连接加重杆、振荡器、多功能通井器。

（2）将串接好的仪器放入防喷管内，打开测试阀门，仪器下入井中。

（3）仪器下放速度不要过快，如遇阻可用振荡器反复振荡。

（4）上提仪器速度不要过快。

（5）在井桶内往返多次，通井效果更好。

（6）遇阻严重可打铅印，再制订下步方案。

4）注意事项

（1）连接仪器时，注意先后顺序，同时上紧仪器。

（2）平稳操作，避免意外事故发生。

3. 实施效果

应用该多功能通井器后，能够有效地减少管壁垢对水嘴的影响，能够定性地分析井下遇阻的具体情况，并采取措施，减轻员工的工作强度，切实达到安全生产的目的。该成果于 2011 年获大庆油田第三采油厂创新创效优秀技术革新二等奖。

第十一节　铠丝电缆打捞工具的研制

1. 问题的提出

随着注水井测调技术的提高，高效测调工艺进一步应用，随之而来的问题也相应出现，由于井下工具及管柱长期在恶劣复杂的条件下工作，易导致工具用具的损坏、变形，致使测试仪器起下过程中出现受阻或遇卡，此时近千米铠丝电缆中由于质量问题、平时工作的挤压或使用年限较长等原因使电缆在最脆弱点处断脱造成落物，最终造成井下作业。利用铠丝电缆打捞工具可解决上述问题。

2. 革新内容

1）铠丝电缆打捞工具结构

铠丝电缆打捞工具主要由双向指尖推进块、定向弹簧、内控管，凸轮及内外组合钩组成，如图 3–41 所示。

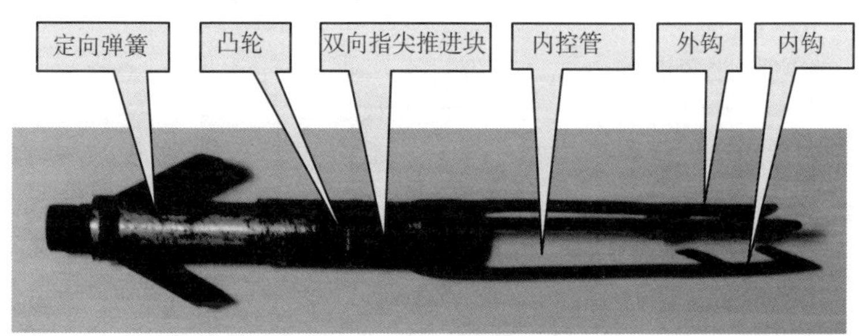

图 3–41　铠丝电缆打捞工具结构

2）铠丝电缆打捞工具各部作用

（1）双向指尖推进块：上接振荡器，下连接三个主打捞爪。

（2）定向弹簧：仪器上提时钩住电缆。

（3）内控管：仪器上提时钩住电缆。

（4）凸轮：仪器上提时钩住电缆。

（5）内外组合钩：打捞电缆。

3）偏心孔多功能清淤器技术参数

（1）指尖推进块：长度 110mm，材质为 35CrMo。

（2）内　控　管：长度 170mm，材质为 35CrMo；

（3）内外组合钩：规格（长 300mm × 钩 30mm × ϕ 5mm）。

（4）材质：35CrMo。

（5）最大载荷：0.8×10^3kg

4）操作步骤

如图 3–42 至图 3–44 所示。

（1）使用时将该工具与振荡器或加重杆连接后下入井内。

（2）当指尖推进块遇铠丝电缆时将其下压使其产生轻微弹性变形（形成一个或多个弯曲环），上提工具使内外组合钩将电缆悬挂使其锁紧于内外钩上，既而成功打捞落物。

（3）当接触到铠丝电缆时，由于摩擦力的作用指尖推进块携带电缆向下移动并形成多个弯曲（不同于钢丝，钢丝断脱时因强大反作用力使钢丝形成一个或多个弯曲），上提时使内外钩有效地悬挂已发生弹性变形的电缆，实现打捞作业。

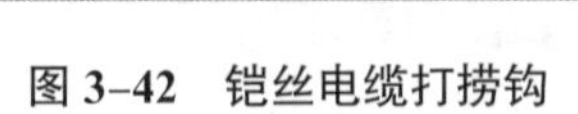

图 3–42　铠丝电缆打捞钩

图 3–43　仪器振荡器

图 3-44　仪器加重杆

5）注意事项

（1）使用时将该工具与振荡器或加重杆连接后下入井内。

（2）当遇落物时上提工具并将双向指尖推进块打开使其顺油管内壁下滑。

（3）起下过程中平稳操作。

3. 实施效果

2013 年 2 月，对 1 井次成功使用，未发现异常。

2013 年 9 月，对 1 井次成功使用，未发现异常。

2014 年 4 月，对 1 井次成功使用，未发现异常。

铠丝电缆打捞工具的研制，降低了生产成本，既为企业节约了资金又提高了工作效率。该成果于 2015 年获大庆油田第三采油厂创新创效优秀技术革新一等奖。

第十二节　井口连接器增压阀研制

1. 问题的提出

大庆油田已取消声弹测试法，目前采用套管气发声原理进行油井液面测试。在测试过程中经常遇到因无套压和套压低而使井口连接器无法发声的油井，这时需使用氮气瓶或声脉冲发生器为井口连接器增压室进行增压，这两种增压方法都存在操作程序复杂，测试效率较低，成本较高的问题，为此，研制了井口连接器增压阀。

2. 革新内容

1）井口连接器增加阀结构

井口连接器增加阀主要由单流阀、增压筒、柱塞、密封圈、挡片、注气杆和注气帽组成。具体结构如图 3–45 所示。

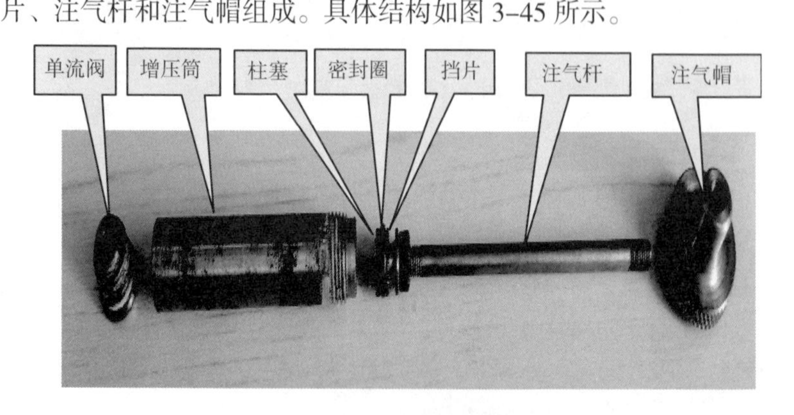

图 3–45　井口连接器增加阀结构图

2）井口连接器增加阀各部作用

如图 3–46 所示。

（1）单流阀：外界气体进入气室的通道，同时保证气体只能从外界进入气室的单向阀。

（2）增压筒：气体增压装置的外壳。

（3）柱塞：用力给井口连接器增压阀加压。

（4）密封圈：橡胶件密封增压筒。

（5）挡片：用来固定密封胶件。

（6）注气杆：与挡片连接带动挡片上下运动。

（7）注气帽：与增压筒配合形成密闭空间。

3）井口连接器增加阀技术参数

（1）增压室：1.5MPa。

（2）密封圈：5mm。

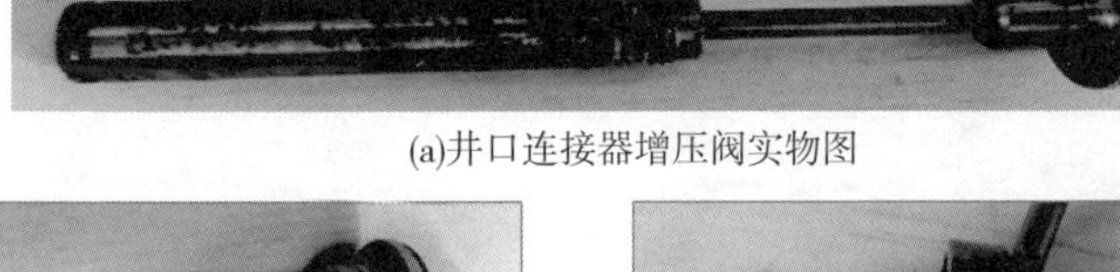

(a)井口连接器增压阀实物图

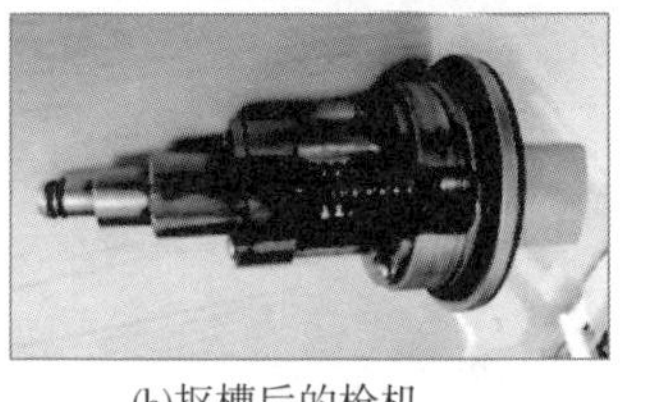

(b)抠槽后的枪机

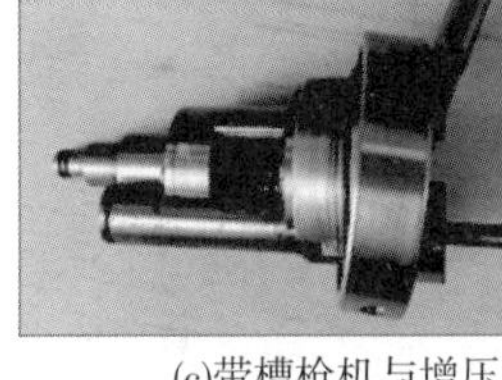

(c)带槽枪机与增压阀

图 3-46　零件图

4）操作步骤

在井口连接器尾部抠一个半圆形的槽，称作增压阀安装槽，通过增压阀安装槽，将增压阀连接到井口连接器内部增压室部位，测试时采用打气筒原理，手握注气帽，来回拉动注气杆，带动柱塞往复运动，把外部空气通过增压筒下部的单流阀注入增压室，从而实现对井口连接器增压室的增压，当增压室内压力达到 0.3MPa 时，扳动枪机，完成一次动液面测试。

为了验证井口连接器增压阀测试油井动液面效果，进行了现场试验。2015 年 1 月 4 日，北 24–471 井，此井为无套管气的油井，因此，分别用氮气和井口连接器增压阀进行现场试验。

（1）应用氮气进行动液面测试，如图 3–47 所示，测试时，用氮气完成单次液面测试，通过液面曲线确定液面深度为 726m，全过程耗时 2min。

（2）应用井口连接器增压阀进行动液面测试，往复拉动增压阀注气柄 30 次，当增压室压力达到 0.3MPa，扳动枪击，进行液面测试，通过液面曲线，液面深度为 726m，全过程耗时 20s。

通过现场试验对比发现，应用井口连接器增压阀进行动液面测试，如图 3–48 所示，测试效率可提高 80% 以上。

(a)应用氮气测得动液面

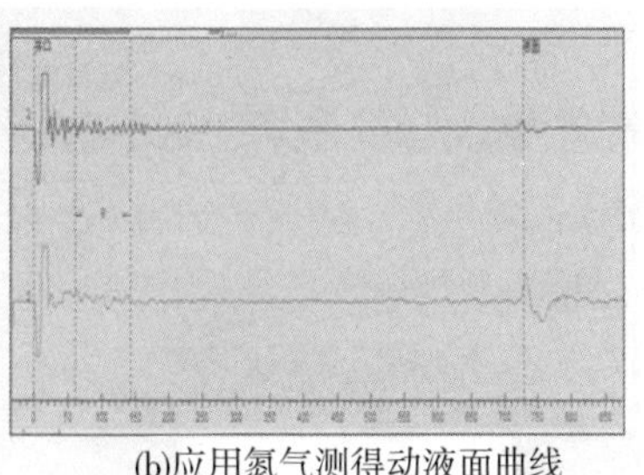

(b)应用氮气测得动液面曲线

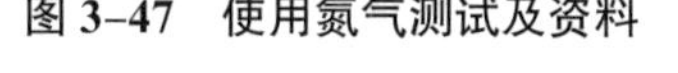

图 3-47　使用氮气测试及资料

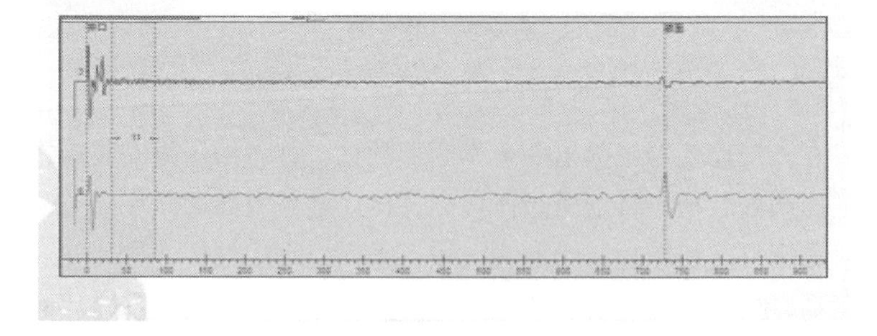

图 3-48　应用井口连接器增压阀测的资料

应用数量及效果：2015 年 6 月—2016 年 7 月，应用井口连接器增压阀在无套压、套压低的抽油机井、螺杆泵井进行动液面测试 1172 井次，螺杆泵井进行动液面测试 233 井次，平均单井测试效率提高 5 倍以上，节约测试时间，节省氮气费用所创造经济效益为 22050 元。

3. 实施效果

（1）研制井口连接器增压阀，从根本上解决了应用常规方法测试油井动液面时间长，测试成本较高的难题，为测试油井动液面节能降耗提供了有效途径。

（2）井口连接器增压阀在测试油井动液面时，具有操作程序简单，使用安全可靠等优点，同时节省了设备运输和搬运时间，大幅降低了员工劳动强度。

（3）井口连接器增压阀针对无套管气、套管内无压力、液面在井口的井测试效果尤为明显，因此，有较好的推广价值和应用。该成果于 2017 年获得大庆油田重大技术革新一等奖。

第十三节　新型机轮扳手革新

1. 问题的提出

随着油田开发的不断延续，油水井、计量间各种新型球阀、防盗阀门、250 手轮阀门的使用越广泛。而对应各种阀门的开关工具已经不下四种，工作时需要携带多种工具，给员工带来极大不便。根据油田现有实际情况，为了达到降低员工工作强度这个目标，我们从各种开关阀门扳手结合入手，将几种扳手进行整合，并且安装机轮装置，让开关阀门工作方便，降低员工劳动强度，消除安全隐患。

经过反复试验，改进机轮区结构、扳手开口大小、各部件之间距离，我们研制了多功能机轮扳手。

2. 革新内容

1）主要结构

该工具由 250 阀门手轮固定器、防盗阀门套筒、球阀扳头、机轮、扳手臂组成。在 250 阀门固定器、防盗套筒中部安装机轮装置，利用机轮装置原理，实现阀门固定器、防盗套筒旋转，达到一个扳手可以往复、开、关阀门，实施相反动作时，只需搬动机轮装置，人在不移动的状态下，只需进行反向手臂动作即可进行阀门的正、反向操作，如图 3–49 所示。

2）工作原理

各种阀门扳手头，在机轮的作用下，扳手臂实现旋转功能，在需要开、关阀门时，操作人员不需要移动身体，即可实现阀门正反两个方向的操作，降低劳动强度，消除安全隐患，如图 3–50 至图 3–53 所示。

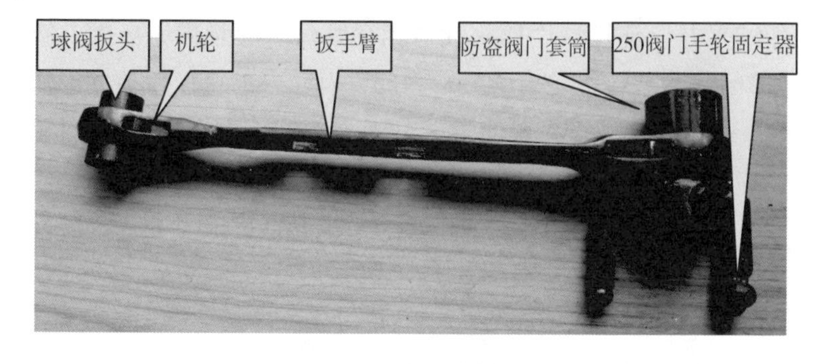

图 3-49　新型机轮扳手

图 3-50　生产阀门

图 3-51　防盗阀门

图 3-52　炮弹阀门

图 3-53　计量间量油阀门

（1）因各种扳手尺寸不同，机轮尺寸设置必须符合扳手连接部位尺寸要求，尺寸不合理会出现过大、过小无法使用的问题，根据各种扳手最合理大小设计机轮尺寸。

（2）由于各种阀门需要扭力不同，室内、室外阀门工作环境不同也会给阀门开关带来不可预估的一些问题，机轮扳手受力部位就在机轮处，机轮受力极限小，将导致扳手无法使用，机轮受力极限高，将会大大增加工具成本，经过反复试验，计算出合理的机轮受力极限。

（3）达到的主要技术指标：该工具在使用时，无论是在计量间、室外油水井、测试现场，都可以达到降低劳动强度的目标，在使用时操作时，工人完全可以侧身操作，消除安全隐患，员工在工作时也不用再携带几样工具才能完成各种阀门的开关，降低工具使用成本。

3. 实施效果

广泛应用于油水井、站、计量间的手轮阀门开关省时省力，特别用于计量间量油时开关阀门，节约时间有效提高工作效率，即使是力气很小的女工，也可以轻松开关阀门，使用方便，是油田必备的使用工具。该成果于 2017 年获大庆油田第三采油厂创新创效优秀技术革新二等奖。

第十四节　流量计减振缓冲装置

1. 问题提出

油田开发过程中，测试工作的重要性得到广泛认知。通过不断调研得到一个结果，测试工作中的最重要工具——流量计是现阶段影响测试工作效率的一个问题。

科技在不断进步，流量计已经从过去的时钟浮子流量计演变为电磁流量计、超声波流量计等形式。在仪器狭小的空间内集中着电池、电路板、芯片等电子元件。而电子元件稳定工作最大的敌人便是振动。现有流量计在使用后便平放在测试车内，行驶过程中车厢振动直接传到至测试仪器内部，造成电子元器件故障，影响流量计使用稳定性。一旦流量计出现问题，需要校检维修，影响测试工作效率。通过对流量计的观察，我们研制了流量计减振缓冲装置。达到防振缓冲目的，延长流量计使用周期，提高测试效率的目的。

2. 革新内容

1）流量计减振缓冲器的结构

流量计减振缓冲器由螺纹头、固定螺丝顶杆、弹簧、橡胶压帽、橡胶缓冲盒组成，如图 3–54 所示。

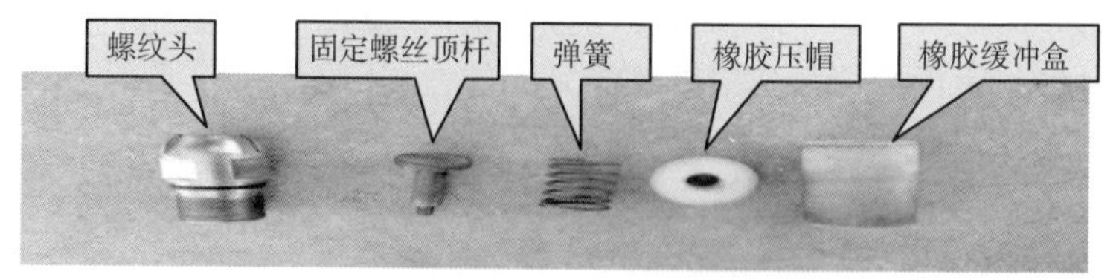

图 3–54　流量计减振缓冲器结构

2）流量计减振缓冲器组合的作用

如图 3–55 所示。

（1）螺纹头：用于安装减振装置的连接护套。

（2）固定螺丝顶杆：用于固定螺纹头。

（3）弹簧：用于减掉大部分冲击力。

（4）橡胶压帽：安装在弹簧与仪器之间，避免仪器损坏。

（5）橡胶缓冲盒：二次减振装置。

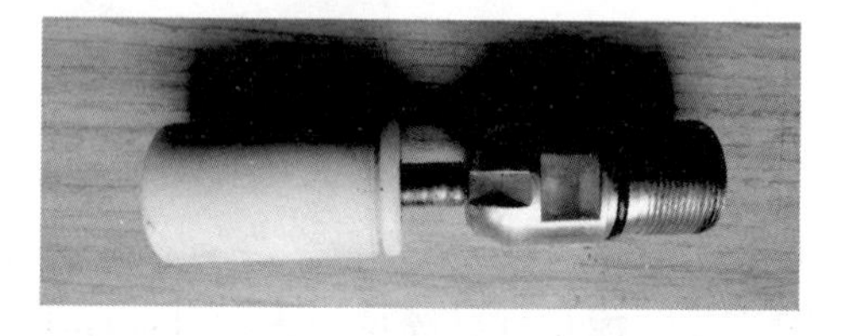

图 3–55　组合减振缓冲器

3）技术参数

（1）橡胶材质各有不同，如何选择合适橡胶最为重要。橡胶过软会影响防振效果，橡胶过硬则起不到防振效果。经过多次试验，选择合理橡胶材料。

（2）弹簧受力极限不同，弹簧过软无法对橡胶起到良好支撑，会弱化二者组合的效果。弹簧过硬反而会影响到橡胶材料的防振性能，两者组合在一起，橡胶材料选定后，弹簧必须符合两者组合特性，起到双重防振的效果。多次试验后，确定弹簧性能。

4）操作步骤

如图 3–56 所示，在螺纹头底部重新加工钻出螺丝孔，用固定螺丝顶杆、弹簧、橡胶缓冲垫进行连接，将螺纹头连接至流量计底部。利用弹簧弹性、橡胶头弹性，双重作用于流量计底部，达到防振作用。

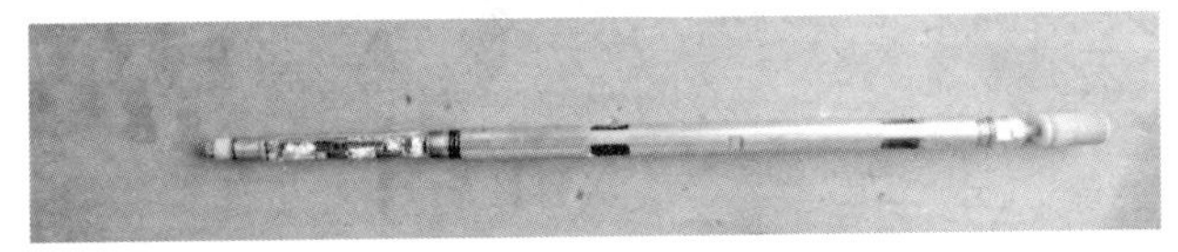

图 3–56　平放在车架上的仪器

5）注意事项

如图 3–57 所示。

（1）底部丝扣头重新加工。

（2）安装上橡胶缓冲器装置。

（3）运输途中将仪器直立放置。

图 3–57　立在车架上的仪器

3. 实施效果

该防振缓冲器使用后，大大提高流量计使用寿命，延长流量计维修周期，提高测试效率。该成果于 2017 年获大庆油田第三采油厂创新创效优秀技术革新三等奖。

第十五节　测试堵头的改进

1. 问题的提出

注水井在测试时，由于钢丝（电缆）的巨大拉力（一般在几百公斤），拉力的方向使滑轮支撑架发生形变，改变了钢丝（电缆）和测试堵头对中，造成钢丝（电缆）与测试堵头磨损，影响钢丝（电缆）的使用寿命，为此我们对原来的测试堵头进行改进，改变磨损方式减小磨损的伤害，我们研制测试堵头。

2. 革新内容

1）测试堵头的结构

测试堵头包括测试堵头主体、滚珠、黄油嘴、压盖，如图 3–58、图 3–59 所示。

2）测试堵头的作用

（1）由于仪器起下时滑轮支架发生形变，导致滑轮不对中，改变了钢丝（电缆）和测试堵头对中，致使钢丝（电缆）与测试堵头发生偏磨，缩短钢丝（电缆）的使用寿命。

（2）钢丝（电缆）与测试堵头发生偏磨，致使钢丝受热影响钢丝韧性，使其在吃负荷时发生拉断事故，增加工作量及测试风险。

3）测试堵头的各部功能

如图 3–60 所示。

（1）测试堵头主体：密封防喷管头。

（2）滚珠：减小摩擦阻力。

（3）黄油嘴：加注润滑油。

（4）压盖：封闭作用，防止滚珠掉落。

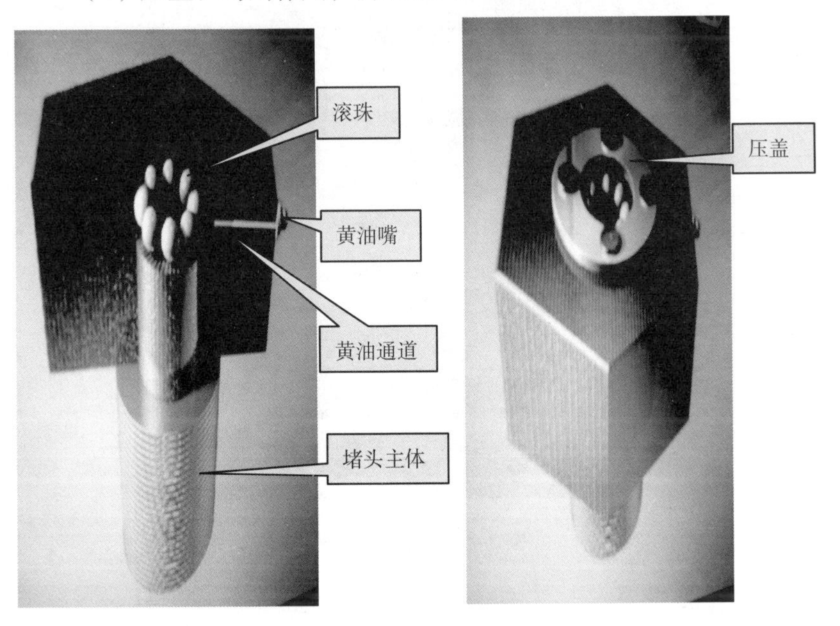

图 3–58　测试堵头剖视图　　　　图 3–59　测试堵头效果图

4）操作步骤

（1）将原来测试堵头钢丝通孔改成直径 13mm、深 8mm 的环形槽，在环形槽内安有 5mm 滚珠 5 粒，用直径 13mm、厚 3mm、内有 3.5mm 通孔封盖，环形槽下有一润滑孔，润滑孔外端安有黄油嘴，随时缺油随时可加注润滑油。通改进我们将原来的滑动摩擦改变为滚动摩擦大大地降低了摩擦造成对钢丝的损伤，延长了钢丝的使用寿命。

5）注意事项

（1）及时加注润滑油。

（2）滚珠损坏及时更换。

图 3-60　堵头主体图

3. 实施效果

经过测试班组一年多试用，改进后的测试堵头大大地减少了对钢丝（电缆）的磨损，延长了钢丝使用的寿命一个月，节省了测试成本。该成果于 2012 年获大庆油田第三采油厂创新创效优秀技术革新二等奖。

第十六节　填料密封切割器的研制

1. 问题的提出

注水泵更换密封填料需要人工手动切段，费时费力，如果用切纸刀改装成密封填料、切削器会大大降低劳动强度。

2. 革新内容

1）填料密封切割器的结构

切割器由附件和铁制正方形底座组成，附件包括 1 把铁制切刀、2 根铁条、2 组半螺丝。切刀切割填料，铁条固定填料，45° 斜切面保证接口成 45° 角。螺丝连接部件固定铁条。底座上面挖两条槽道，附件都装在底座上，如图 3–61 所示。

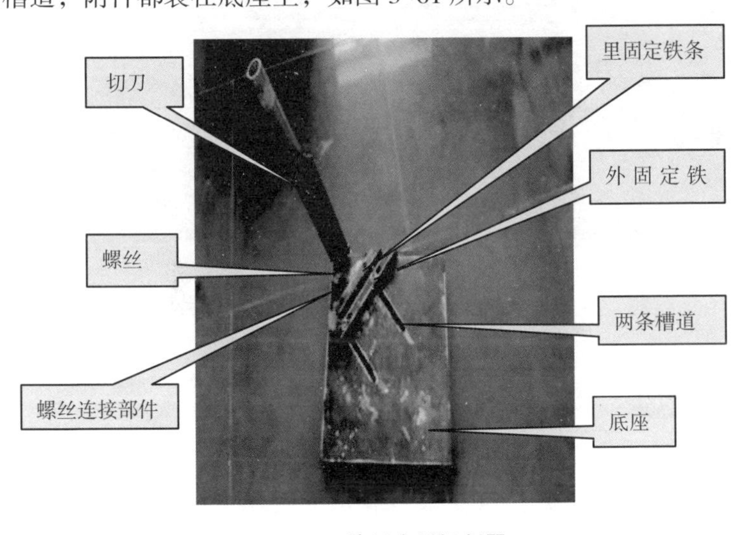

图 3–61　填料密封切割器

2）抽油机皮带填料作用

如图 3–62 所示。

（1）填料接口要切成 45° 角斜接口：制作铁条时要先将两根铁条的右面都做成 45° 斜切面，再将填料面都安在底座的右侧，也就是安在有切刀的那面。安的时候斜切面要和底座的侧面平齐。固定填料的时候，如果还不能平齐，就左右调整装在槽道上铁条上的螺丝，调齐后，再拧紧螺丝，这样填料接口都可以切成 45° 角斜接口。

（2）切割器附件：用于固定切割密封填料。

（3）底座：用来固定密封填料。

（4）两根铁条：刀切口成 45° 。

（5）注意事项：使用过程中注意手脚安全。

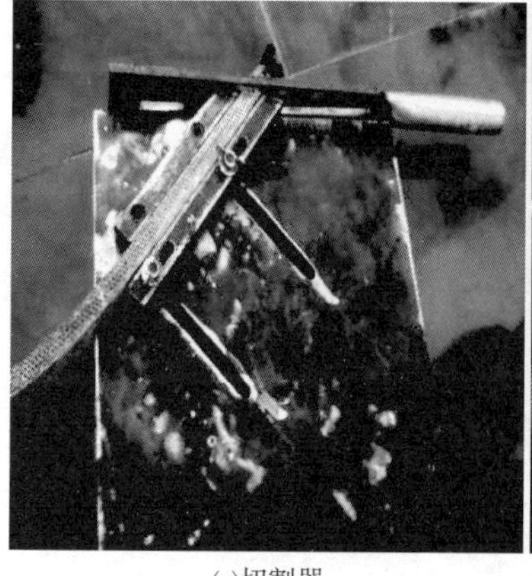
(a)切割器

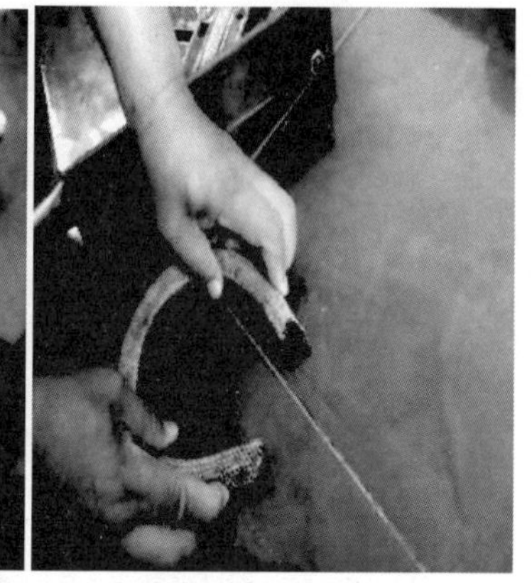
(b)密封填料切成45°

图 3-62　填料密封切割器

3. 实施效果

所有使用填料密封的离心泵都可以用填料切割器切割填料。目前已在 50 台注水泵、120 台低压离心泵使用。该成果于 2015 年获得大庆油田第三采油厂创新创效优秀技术革新二等奖。

第十七节　离心泵放空装置的改进

1. 问题的提出

随着大庆油田科学技术的发展，脱水转油站的设备也在不断地更新，其中泵房内离心泵放空装置的改造已经越来越完善。由于放空装置的完善，所以不能再像从前那样将放空出来的污油污水用桶倒回污油缸。利用放空桶放空不但增加的工人的劳动强度，而且在倒桶时有时会有大量的污油污水滴到地上，严重污染的泵房环境。放空时喷出的油滴不仅喷在桶外面，而且工服被污染是不可避免的。这样也会造成擦布、清洗剂等物资的浪费。维修时需要排放大量存在泵内的污油污水，给维修人员增加了大量的劳动强度，消耗了工人的体力。为了减少这些问题，我们把放空管线接出来一个管直接放在污油盒内，如图 3–63 所示。

图 3–63　现场原图

2. 革新内容

（1）首先，在离心泵的放空阀上与污油管线上连上一个通道，在离心泵的放空管上安装 1 个三通阀和 2 个四分阀门，它是由固定接头、活动接头、短管三部分组成，一头连在离心泵的放空管上，另一头连在泵头污油盒。三通的另一个口连接 1 个四分阀，由 2 个短接和 1 个弯头组成 1 个取样口，取样口处添加一个丝堵，防止取样后管内余液渗出；每个部分都可以随时快捷的拆分和组合。将污油或污水经污油管密闭排放到污油缸内，达到污油零落地，如图 3–64 所示。

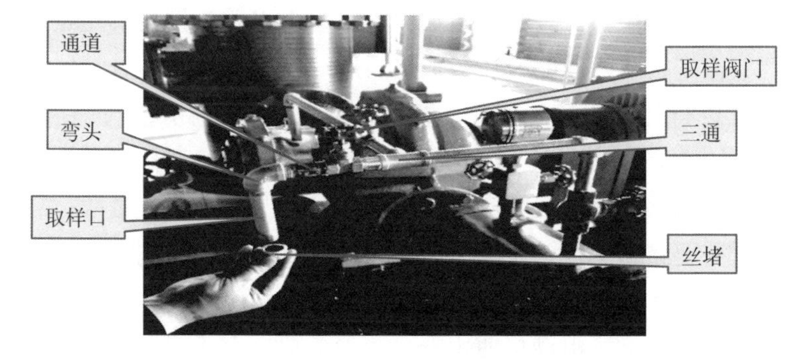

图 3–64　改造后放空装置

（2）此放空装置进行放空操作时省时省力，尤其是在处理设备抽空或汽化事故时，由于泵内排放的气量较大，使泵房内的油气浓度增加，另外排放量要比平常要大上许多，使用这个装置排空的效率和劳动量的减少是显而易见的。杜绝了站内外污染物的出现，减少了泵房内由于油气浓度增加发生火灾事故的隐患。

3. 实施效果

目前应用于个各脱水站。杜绝了站内外污染物的出现，减少了泵房内由于油气浓度增加发生火灾事故的隐患。

此放空装置所用的配件不属于易损坏部件（3 个弯头和 1 个三通均为钢质，2 个四分阀为铜质，短接均为镀锌管），一次安装可以使用多年。如果放空出来的污油，放到污油缸内，再利用回收油泵回收污油，也产生一定的经济效益。该成果于 2016 年获大庆油田第三采油厂创新创效优秀技术革新一等奖。

第十八节　抽油机密封盒压帽固定装置

1. 问题的提出

给抽油机井口光杆加密封填料时，要先将驴头停在下死点适当位置，再把密封盒压帽和压盖取出后用绳子或铁丝挂在悬绳器上，最后在进行加密封填料操作 (如图 3–65 所示)。用绳子或铁丝挂密封盒压帽和压盖有以下问题：一是当绳子或铁丝悬挂不牢发生断裂、脱落时，密封盒压帽和压盖会从高处下落发生伤人事故；二是停机时需要将驴头停在距离下死点合适位置，才能用绳子或铁丝把密封盒压帽和压盖挂在悬绳器上，一旦停不到位就要重新频繁启、停抽油机，影响了电动机使用寿命。为了解决上述问题，我们研制了抽油机密封盒压帽固定装置。

图 3-65　革新前抽油机密封盒压帽

2. 革新内容

1）抽油机密封盒压帽固定装置的结构

由手柄、卡盘、卡盘轴、调节螺栓、橡胶垫 5 部分组成，如图 3-66 所示。

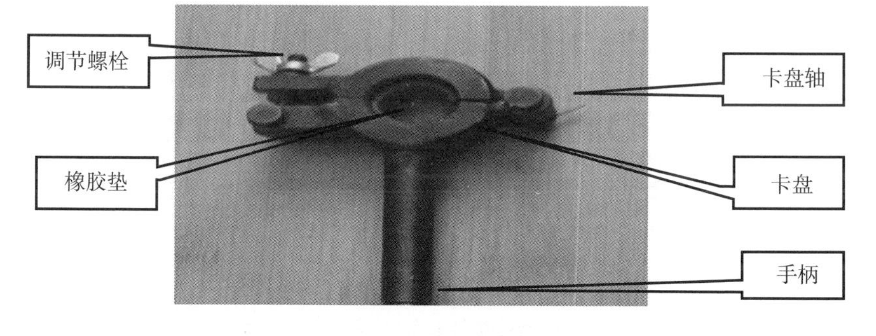

图 3-66　抽油机密封盒压帽固定装置的结构

2）抽油机密封盒压帽固定装置各部作用

（1）手柄：方便手握抽油机密封盒压帽固定装置进行安装，它与卡盘之间是焊接在一起的。

（2）卡盘：卡盘由两个半圆形铁制金属组成，卡盘内侧加工有卡槽，卡槽内可安装橡胶垫。

（3）卡盘轴：可使两个半圆形卡盘自由水平旋转。

（4）调节螺栓：通过调整调节螺栓行程，可改变卡盘中心孔眼直径的大小，使卡盘固定在光杆表面，防止密封盒压帽和压盖向下脱落伤人。

（5）橡胶垫：在两个半圆形卡盘内侧卡槽内，安装适合的橡胶材料充当橡胶垫，一是可防止卡盘损伤光杆，二是能增加光杆与卡盘之间的摩擦阻力防止卡盘脱落伤人。

3）抽油机密封盒压帽固定装置安装使用方法

给井口光杆加密封填料前，可将驴头停在任何位置断电、刹车，关井口密封器卸掉密封盒压帽和压盖向上托起适当高度，再把密封盒压帽固定装置安装在压帽和压盖下部的光杆上，如图 3–67 所示，调整调节螺栓行程使卡盘卡住光杆。最后就可以安全地进行加盘根操作。

图 3–67　革新后抽油机密封盒压帽固定装置

3. 实施效果

（1）可减少启停抽油机的次数，延长电动机的使用寿命。

（2）可消除密封盒压帽和压盖脱落造成的伤人事故，提高安全系数。

（3）能缩短加盘根时间提高工作效率。

该成果于 2016 年获大庆油田重大技术革新二等奖。

第十九节　旋转式钢丝落物打捞工具的革新

1. 问题的提出

钢丝落物打捞难是目前采油测试人的共识，据统计由于井下落物而造成作业重配的注水、注聚井中，绝大部分是钢丝落物造成的，占总落物重配作业井数的 50% 以上，这主要原因一是钢丝落物不容易被抓牢，二是钢丝容易抱团，上提时出现卡堵从而使打捞失败。为减少作业费用，提高打捞钢丝落物的成功率，经过多次现场实践，研制了旋转式钢丝落物打捞工具。

2. 革新内容

1）旋转式钢丝落物打捞工具的结构

该装置由强磁吸片、硬钩、软钩、尖矛、转动轴、连接螺纹六部分组成，如图 3–68 所示。

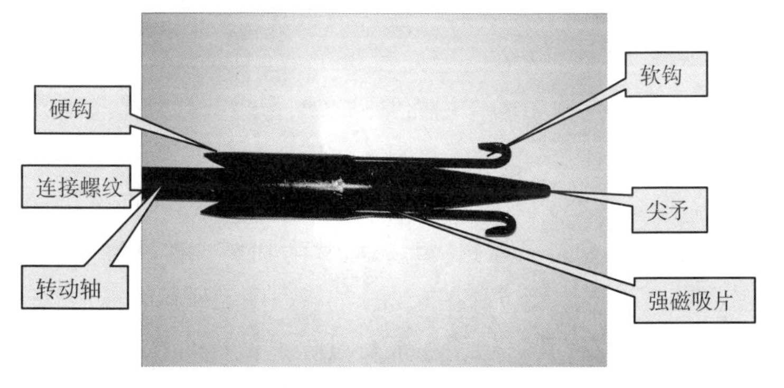

图 3–68　旋转式钢丝落物打捞

2）旋转式钢丝落物打捞工具的各部作用

如图 3–69 所示。

（1）采用强磁吸片功能：用于吸附细小的钢丝及其他落物，使钢丝容易进入打捞钩内。

（2）硬钩：与软钩配合更好地抓住钢丝；使上提时受力增强，提高打捞成功率。

（3）软钩：与硬钩配合更好地抓住钢丝；外部软钩直径为 2.7mm，内部硬钩处直径为 25.5mm。

（4）尖矛：推压钢丝使其成团。

（5）应用旋转功能：通过转动使钢丝缠绕在打捞工具上；使打捞矛在管壁 360° 范围内打捞无死角。

（6）软硬钩承受力满足现场要求。

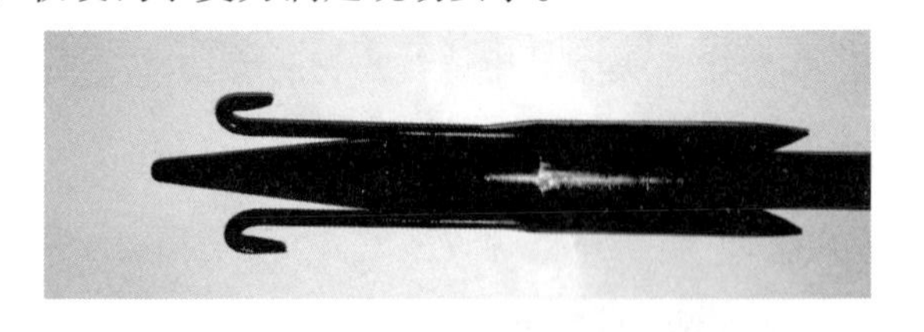

图 3–69　旋转式钢丝落物打捞工具组体

3）操作步骤

（1）旋转功能。该装置与振荡器组合下井时，在高压水流的冲击下进行旋转，可以在管壁内径 360° 范围内抓住钢丝，解决了以往因钢丝自身弹性力的作用而紧贴在油管内壁，打捞头不易捞着钢丝的难题。

（2）强磁功能。为了使钢丝断裂头部顺利进入打捞装置，在打捞硬钩斜面上安装了强磁吸片，吸片为圆形，直径为 10mm。强磁吸片随着打捞矛体旋转，在 65mm 油管内壁无死角吸抓钢丝。

（3）软硬钩配套。软钩在下行过程紧贴着油管内壁将钢丝向下推移，使钢丝产生反弹力，同时在强磁的吸力及旋转力的作用下，可使钢丝缠绕在软硬钩上，当向上提起时软硬钩同时受力，避免了以往因软钩承受力不够而造成的打捞不成功。

4）注意事项

（1）每次下井不要过猛。

（2）紧固好各连接部位。

5）应用范围及数量

自 2014 年 9 月开始在采油厂采油矿进行现场应用，共应用 5 口钢丝落物井，打捞成功为 100%，如表 3–1 钢丝落物井打捞统计表。

表 3–1　钢丝落物井打捞统计表

井号	落物深度（m）	打捞时间	落物原因	处理结果
北 2–21–469	210	20140922	钢丝砂眼	打捞成功
北 2–21–471	140	20141112	过偏心拉断	打捞成功
北 1– 丁 1–P55	80	20141210	操作碰撞堵头	打捞成功
北 2– 丁 6–256	240	20150318	防喷管拉断	打捞成功
北 2–6–71	300	20150428	钢丝砂眼	打捞成功

3. 实施效果

该成果将旋转技术和强磁技术应用到打捞工具上，使钢丝落物打捞成功率大幅提升，具有推广应用价值。该成果于 2015 年获大庆油田重大技术革新一等奖、大庆油田第三采油厂创新创效优秀技术革新特等奖。

第二十节　车载式数字压力变送器革新

1. 问题的提出

测试过程中，仪器的正常起下、测流量、打捞工用具、验封等各项工作在工作衔接易出现误差，安装车载压力表后，操作人员可准确判断井下仪器的工作状况是否正常，有效地保障测试正常施工。

2. 革新内容

1）车载式数字压力变送器结构

车载式数字压力变送器主要由数字压力表、通信电缆、压力传感器三部分组成，如图 3–70 所示。

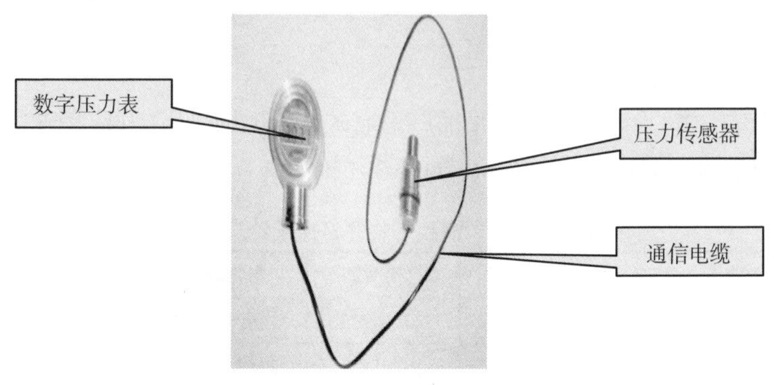

图 3–70　车载式数字压力变送器

2）偏心孔注意各部作用

（1）数字压力表：用来显示压力数值。

（2）通信电缆：传输电信号。

（3）压力传感器：将压力信号变成电信号。

（4）注意电子元件要经常检查是否在有效期内。

（5）固定好电源线、数据线及仪表，避免振动对仪表的影响。

（6）数据显示器安装要固定好，避免振动对仪器、仪表的影响。

（7）及时检查仪器是否在检校日期内。

3）车载式数字压力变送器操作步骤

将感压元件与井口防喷管进行螺纹连接，并将数据输出线与输出插口连接，显示表盘与车内操作台合适位置连接固定，并将井口数据线与显示表盘输入端连接。当压力传递到感压元件时，压力信号转换为电流信号传递给显示器，并将电流信号转换为数值后显示出来，操作人员即可在第一时间内准确掌握井下压力动态数据变化。根据其变化调整绞车操作。

3. 实施效果

车载式数字压力变送器的使用，避免测试过程中仪器的正常起下、测流量、打捞工用具、验封等各项工作在工作衔接意出现误差，配合压力表使用，能够帮助操作人员准确判断井下仪器的工作状况是否正常，有效地保障测试正常施工。该成果于 2014 年获大庆油田第三采油厂创新创效优秀技术革新三等奖。

第二十一节　全自动单锥短螺旋举升捞砂器

1. 问题的提出

注水井测试过程中，井底出砂严重形成砂桥砂埋，造成仪器下不去影响测试，甚至有些井需要作业来解决。费时、费工造成人员资金的浪费，为此我们研制了全自动单锥短螺旋举升捞砂器，可以快捷高效地对出砂问题井进行处理，避免砂埋问题井处理不成功而上报作业的情况发生，如图 3–71 所示。

图 3–71　全自动单锥短螺旋举升捞砂器实物

2. 革新内容

1）装置结构

捞砂器主要有单锥螺旋、螺旋叶、外环管、螺旋切片、压送杆、挡片、底堵组成，如图 3–72 所示。

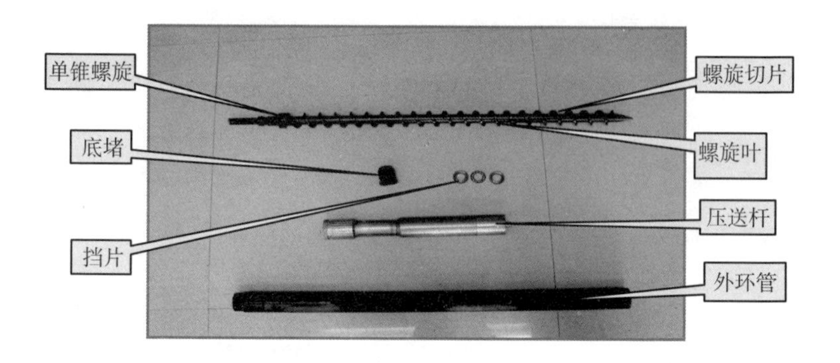

图 3–72　全自动单锥短螺旋举升捞砂器实物分解图

2）捞砂器工作原理

该装置是由一组主螺旋叶片和外环管组合而成的螺旋打捞器。捞砂过程中，位于中心杆底端的螺旋切片在管底中心“掏槽”，形成破碎自由面，位于螺旋锥片上的切削具跟进，形成锥形的钻孔，钻进中钻齿形成的轨迹线在孔底的投影是一组同心圆，砂砬及其他杂质等沿螺旋叶片反向上升，充满螺旋叶片与外环管之间，上提捞后将井内积砂捞出。

3. 实施效果

适用于油田生产注水井管柱内部积砂打捞，该成果于 2008 年 7 月应用。通过在 9 口注水井上处理砂埋，全部获得成功，节约了大笔的作业费用。该成果于 2015 年获大庆油田第三采油厂创新创效优秀技术革新一等奖。

第二十二节　新型胀式打捞工具

1. 问题的提出

在水井测试过程中，落物卡在层位内成为水井测试一大难题，落物多为内扣落物，为此多年来一直针对在打捞内扣落物工具上下足了功夫。根据测试实际情况，我们研究一套新型的打捞工具——胀式打捞工具。首先，对以往的打捞工具进行查看，发现过去的打捞器具有钢口不合格、内槽不深等缺点。针对这些缺点，进行了改造，更换了 $44^{\#}$ 钢口较好钢质，将内槽进行拉深，最后制作出了现在的打捞工具。

2. 革新内容

1）装置结构

胀式打捞工具主要分为胀式打捞工具、胀式打捞工具三角槽、筒内胀式打捞工具螺纹，胀式打捞外套，如图 3–73 至图 3–75 所示。

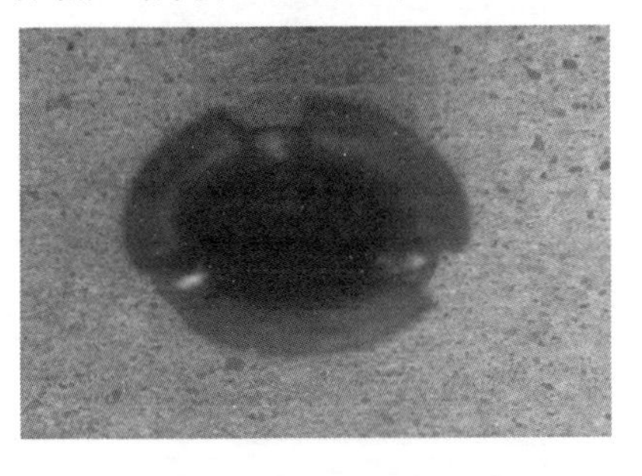

图 3–73　胀式打捞工具

图 3–74　胀式打捞工具三角槽

图 3–75　筒内胀式打捞工具螺纹

2）操作步骤

将胀式打捞头与投捞器主爪连接，投捞器上接加重杆重量为

28kg，打捞头钢口为44#：当堵塞器在井底脱落后，可用该工具进行打捞。当该工具进入层位后，会直接进入堵塞器内，力量越大抓入深度越大，上提仪器就可打捞出井内落物，如图3–76所示。

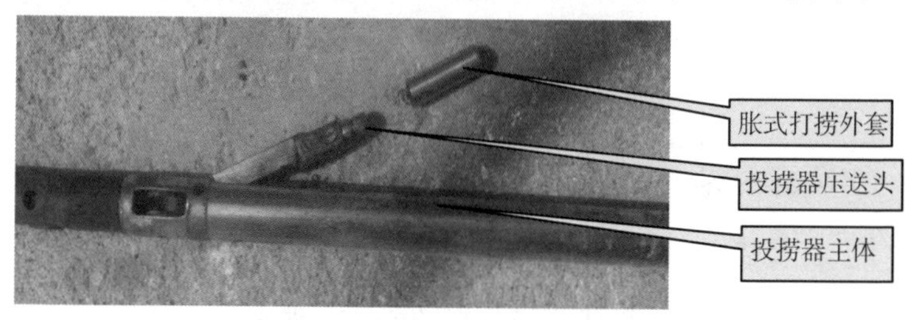

图3–76　组合新型胀式打捞工具

3. 实施效果

通过使用28井次的打捞脱扣堵塞器，打捞成功率为100%，避免了因落物造成的水井作业，大大减轻了员工的劳动强度，节约了作业成本。该成果于2013年获大庆油田第三采油厂创新创效优秀技术革新三等奖。

第二十三节　双打捞式电缆头

1. 问题的提出

2011年部分测试班组改用了可调式电子流量计。可调式电子流量计的测试理念虽好，但电缆头存在一定的弊端，如图3–77所示，问题在于仪器下井测试过程中，一旦遇卡，就只能用传统方式硬拔，拔动了就能上来，拔不动就只能把电缆拔断，造成井下落物。2012年之前，共拔断两盘电缆，给试井队带来人力、物力、财力等方面的损失。根据这一问题，我们研发工作小组研制了带安全销钉的电缆头。

2. 革新内容

1）装置结构

双打捞式电缆头主要包括电缆头、二级绳帽头、安全销钉、绳帽头，如图 3–78 所示。

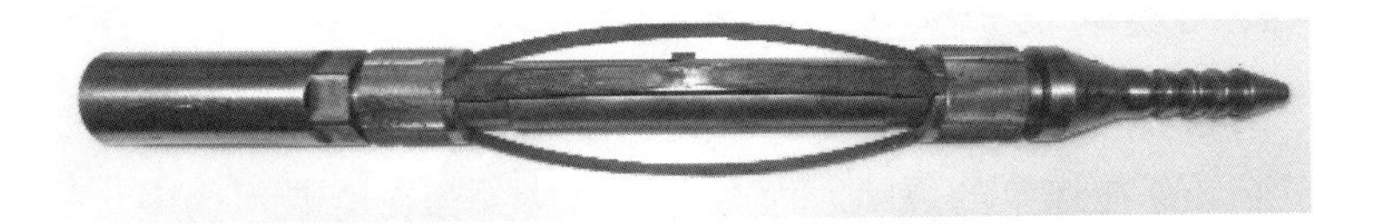

图 3–77　可调式电子流量计组装图

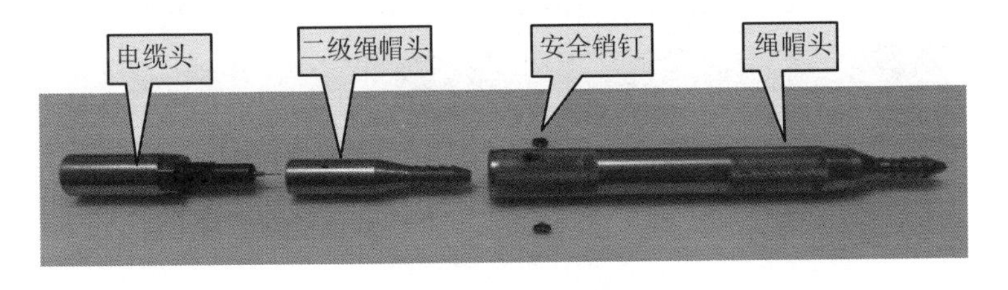

图 3–78　双打捞式电缆头结构

2）工作原理

电缆的安全拉力为 600kg，而安全销钉的拉力为 400kg，制作了双打捞式电缆头。一旦仪器在井底遇卡，可从安全销钉处拔脱，起出电缆，同时露出第二个打捞头。再将钢丝下入井底，将仪器捞出，如图 3–79 所示。

图 3–79　双打捞式电缆头组装图

3. 实施效果

在几年的使用中，十几次的遇卡事故，安全销钉自动拉脱，为二次打捞提供了有力的保障。既不损坏电缆，又不用重新打电缆头，还能把井底落物捞出，节约了大量的人力、物力、财力。该成果于2013年获大庆油田第三采油厂创新创效优秀技术革新二等奖。

第二十四节　活动式刮蜡片

1. 问题的提出

在电泵井运转的过程中，油管内壁结蜡是电泵井的天敌，既影响产量又存在烧泵的风险。而原有清蜡装置存在清蜡不彻底、效果不好、员工劳动强度大、清蜡周期短等不利因素。为了解决更好的电泵井清蜡问题我们研制了活动式刮蜡片，如图3–80所示。

图3–80　原刮蜡器

2. 革新内容

1）装置结构

活动式刮蜡片由下接清蜡矛接箍、挡片、活动刮蜡片、中间滑套、中间滑竿、上接加重杆短接、清蜡矛组成，如图3–81至图3–83所示。

图3–81　活动式刮蜡片结构

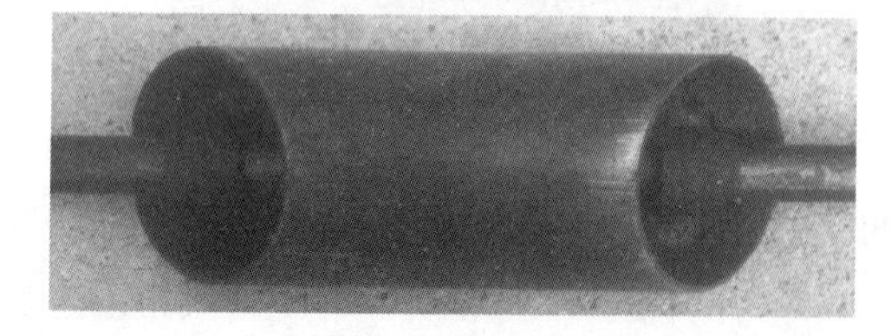

图3–82　中间滑套

图 3-83　清蜡矛

2）工作原理

刮蜡片连接到钨钢加重杆总长 1.8m，重 40kg。它可以在井内自由的活动，遇到结蜡严重点时，可通过压钢丝的方式将蜡点反复刮净。

3）操作步骤

将绳帽下接加重杆，加重杆与活动式刮蜡片连接，活动式刮蜡片与清蜡矛连接，使用专用工具上紧，避免起下过程中，发生脱落事故，如图 3-84 所示。

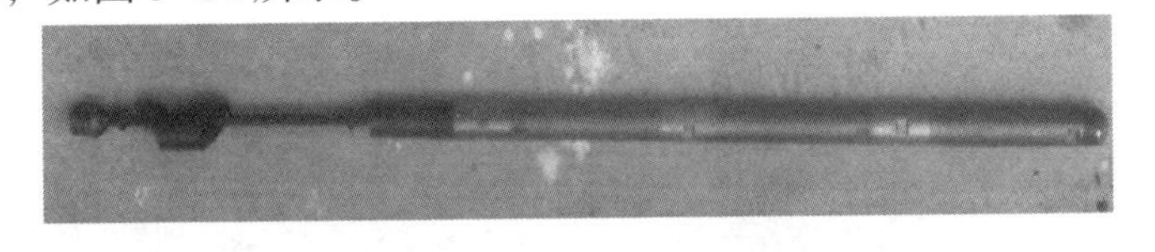

图 3-84　活动式刮蜡片组合

3. 实施效果

经过我们在 50 多口电泵井的反复刮蜡试验中，延长了清蜡周期，减小了员工劳动强度，提高工作效率。该成果于 2014 年获大庆油田第三采油厂创新创效优秀技术革新二等奖。

第二十五节　测试堵头环保集水罩的研制

1. 问题的提出

在注水井分层测试的过程中，防喷管堵头孔眼和密封圈会被磨损，高压污水从堵头中喷射到外部现象经常发生，会造成员工自身和测试现场环境的污染。现场测试工人常使钢丝上捆绑擦布或剪掉底部的矿泉水瓶阻挡喷水。但使用过程中擦布时常被钢丝卷到天滑轮上造成钢丝跳槽，存在安全隐患。针对这些问题，结合工作实际，研制出了安全耐用，防喷效果明显的集水罩。

2. 革新内容

1）装置结构

测试堵头环保集水罩主体、陶瓷水嘴组成，如图 3–85、图 3–86 所示。

图 3–85　集水罩上部有陶瓷水嘴

图 3–86　测试堵头环保集水罩主体集水槽

2）工作的原理

在塑胶棒内沿轴向加工出一个同心圆孔作为主孔，在顶端预留出端盖，端盖部分加工出一个与内孔同轴的圆通孔作为副孔，在副孔中嵌入合适内径的搪瓷水嘴（起抗钢丝磨损作用）。在中部的外侧对称部位钻两个与内部相通的侧孔，可用于排出积水和安装固定吊耳，如图 3–87、图 3–88 所示。

3）操作步骤

正常测试之前将集水罩罩在测试堵头上，盖住堵头上的密封圈压帽。钢丝依次从集水罩孔眼和堵头孔眼穿过。测试时，堵头外刺污水被集水罩阻挡并收集后，从侧孔流到防喷管上的接水槽中，再经由排污管流到地面的污水收集器内。

图 3-87　安装前示意图

图 3-88　安装后示意图

3. 实施效果

可将测试堵头喷出的水聚集在环保集水罩中，完全阻止了外流。选取的材质耐磨耐腐蚀，安全耐用。该成果于 2015 年获大庆油田第三采油厂创新创效优秀技术革新二等奖。

第二十六节　测试绞车激光对中装置的研制

1. 问题的提出

高压测试车上井后，要将车载绞车对准井口。以往对正工作都通过人工指挥进行摆正，需要两个人密切配合。由于每个人的操作不同，致使绞车往往不能准确地对准井口中心，从而导致钢丝或电缆偏磨，计量轮横向受力。影响了钢丝、电缆和计量轮的使用寿命，如图 3-89 所示。

图 3–89　改装前

2. 革新内容

1）装置的结构

测试绞车激光对中装置由激光发生器、高度调节电动机、底座组成，如图 3–90 所示。

图 3–90　改装后

2）操作步骤

激光发生器安装在调节电机减速器的输出轴上，电动机通过底座安装在绞车排丝器上部。光束在绞车量轮上部，调整光束与量轮槽处于同向平行后固定底座。电动机和激光发生器控制线连接到驾驶室司机位置。使用时司机将车辆横向停在距井口 10~15m 左右，使绞车与井口接近对正，打开激光发生器，控制电机调整光束上下角度。前后移动车辆，使光点对准井口。

3. 实施效果

该装置的应用，节约了操作时间，提高了绞车对中精度，减少了测试成本，提高了测试效率。延长钢丝、电缆和量轮的使用寿命。该成果于 2014 年获大庆油田第三采油厂创新创效优秀技术革新三等奖。

第二十七节　折叠式防喷管举升器的革新

1. 问题的提出

在高压测试过程中，从折叠式防喷管内取仪器，必须使防喷管主体与底座轴向分离一段距离后才能实现防喷管的翻转功能。原有举升装置是一个简易杠杆，人力操作很费力，严重阻碍了员工的工作效率，很多折叠式防喷管因此被弃用。为解决这一难题，我们利用千斤顶对折叠式防喷管举升器进行革新，如图 3–91 所示。

图 3–91　改造前防喷管举升器

2. 革新内容

1）装置结构

折叠式防喷管举升器主要包括千斤顶、托架，如图 3–92 所示。

图 3–92　改造后防喷管举升器

2）工作原理

取 2in 钢管，将其轴均切为两半，使用其中一片作为千斤顶安装座。钢管一端平焊上钢板作为千斤顶的底部托板，将另一端焊在防喷管原副杆座的下端。在千斤顶的托板上加装一个小吨位千斤顶，千斤顶的顶杆正对副杆底面，如图 3–93 所示。

图 3–93　使用现场图

3. 实施效果

2015 年在测试队高效测调班组中使用，共改造 13 套举升器供 13 个班组使用。经一年现场应用，明显提高了测试员工对井口连接防喷管操作的安全性和稳定性。使用千斤顶代替原有的手动杠杆，改造简单，操作易上手，安全平稳性更高。该成果于 2015 年获大庆油田重大技术革新一等奖。

第二十八节　粉碎型振荡刮蜡器

1. 问题的提出

大庆油田生产原油有三高特性，即含蜡高、凝固点高、黏度高。目前开采方式中，电泵井开采占有一席之地。但是，电泵井结蜡不但影响油井的生产，也是很大的工作难点。电泵井一般采用机械式刮蜡片清蜡，如图 3–94 所示。由于刮蜡片结构上的缺陷，在清蜡过程中不能把油管内的蜡清理干净，造成每次清蜡不彻底影响油井的正常生产。

图 3–94　原刮蜡器

2. 革新内容

1）装置结构

刮蜡器主要由清蜡矛、三角刮蜡刀、振荡器、加重杆、绳帽五部分组成，如图 3–95 所示。

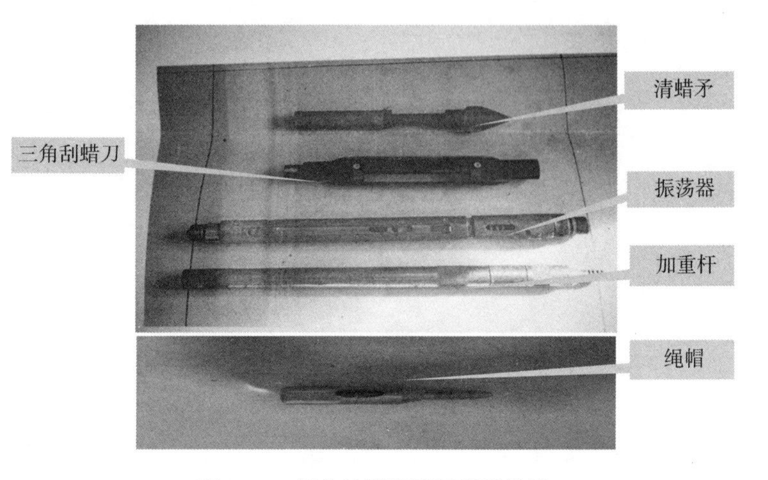

图 3–95　拆分的粉碎型振荡刮蜡器

2）工作原理

（1）清蜡矛：清蜡矛安装在刮蜡器底部起通蜡和旋转刮蜡的作用。

（2）三角刮蜡刀：它的作用将清蜡矛旋转刮出的蜡进行切割及粉碎，以减少液体向上流动的阻力防止顶钻，同时还可把油管内壁的蜡清理干净。

（3）振荡器：它可在刮蜡器遇阻或蜡卡时起到振荡解卡的作用。

（4）加重杆：它的作用可使刮蜡器顺利下入井中，同时在刮蜡器遇阻蜡卡时可使振荡器正常工作。

（5）绳帽：它的头部与录井钢丝连接。

3）技术参数

如图 3–96 所示。

（1）清蜡矛全长 290mm、旋转弹开可长达 370mm，矛头长 80mm、最大直径 50mm。

（2）三角刮蜡刀全长 360mm、刀片长 250mm、刀片最大旋转直径 58mm。

（3）振荡器：全长 500mm，振荡行程 300mm。

（4）加重杆：全长 500mm、重 8kg。

（5）绳帽：长 120mm。

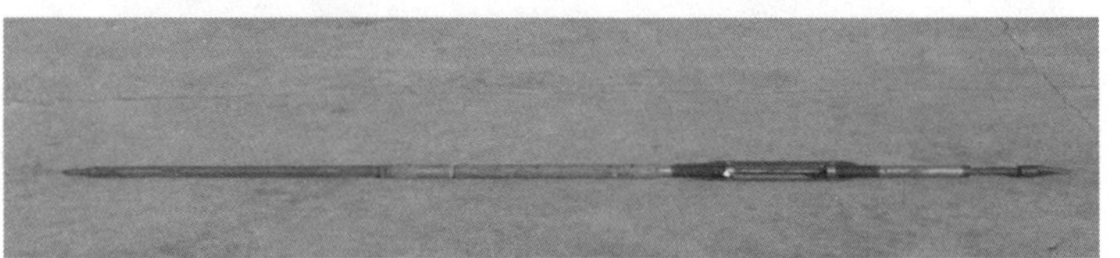

图 3-96 粉碎型振荡刮蜡器组装图

4）操作步骤

将钢丝穿过绳帽头，与加重杆、振荡器、清蜡矛连接，使用专用工具上紧，避免发生倒扣事故。

3. 实施效果

粉碎型振荡刮蜡器在使用过程中，能够有效地清除油管壁上的蜡，减少工人劳动强度，同时提高清蜡质量、延长清蜡周期、减少清蜡对产量的影响。该成果于 2009 年获大庆油田第三采油厂创新创效优秀技术革新一等奖。2013 年，获国家实用新型专利。

第二十九节 维修注水井新型控制阀门拉力器的革新

1. 问题的提出

型号为 161H-160C 的新型高压调节阀门是 2014 年新投产或油转水井统一更换的一种阀门，主要作用是控制调节注水井水量，目前已经超保质期，无法维修，如果损坏只能更换 250 阀门，如图 3-97 所示。

图 3-97　闸门型号为 161H-160C

2. 革新内容

1）装置结构

拉力器由螺帽、拉力爪、支撑臂、横杠、丝杠部件组成，如图 3-98 所示。拉力器整体结构如图 3-99 所示。

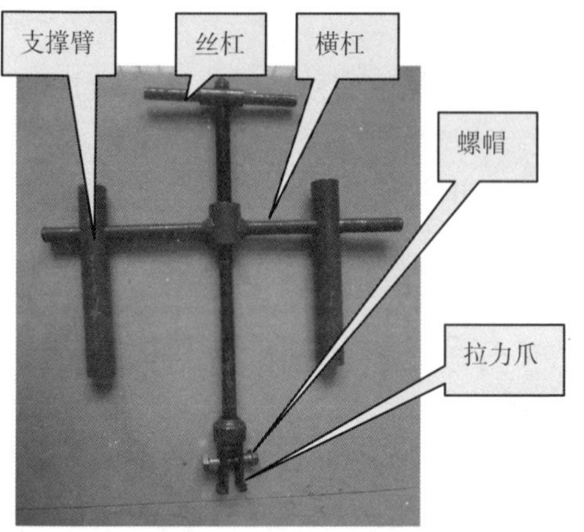

图 3-98　拉力器结构

图 3-99　拉力器

2）操作步骤

将支撑臂在阀体两端用螺帽紧固在螺栓上，再将拉力爪伸进阀芯的流量孔中。通过横杠旋动丝杠手柄用拉力爪将阀芯带出。拉出阀芯后，将损坏的阀芯密封圈更换，如图 3-100 所示。

(a)250 阀门上体

(b)阀芯

(c)250 闸门下提阀芯区

图 3–100　操作步骤

3. 实施效果

大大提高维修更换阀芯密封圈的效率，降低了成本，提高了生产效率。该成果于 2013 年获大庆油田第三采油厂创新创效优秀技术革新三等奖。

第三十节　平衡推进式环保加药器的革新

1. 问题的提出

油井在生产过程中，在地层高温高压条件下，蜡溶解在原油中，开采时压力和温度逐渐降低，蜡就从原油中析出，影响油井正常生产，而常规加药方式有两种，即在套管无压条件向井内灌入或利用高压泵车向井内注入，前者加药既不安全又无法做到环保后者施工时既浪费能源又耗费人力。研制出的推进式环保加药器后可解决上述问题。

2. 革新内容

1）装置结构

平衡推进式环保加药器主要由罐体、罐加药孔、液位窗、管线、阀门五部分组成，如图 3–101 所示。

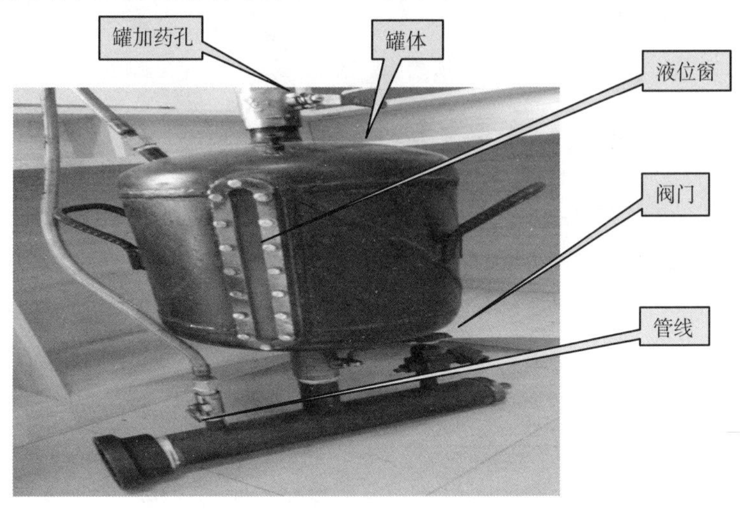

图 3–101　平衡推进式环保加药器结构

2）工作原理

（1）罐体：用于储存药液。

（2）管线：用于输送药液。

（3）阀门：控制药液的排放。

3）技术参数

（1）罐体：5mm 钢板，耐压 12MPa，容积 100L。

（2）管线：丝铠铝管，直径 20mm，耐压 12MPa。

（3）阀门：中压阀门。

（4）工作压力：0~5MPa。

4）操作方法

（1）将推进式环保加药器与井口套管阀门连接后把药液加入罐内。

（2）关闭上部加药阀，打开下流阀，缓慢打开套管阀，调整螺旋推进杆将内部推进管推致井筒中，观察罐体液位窗液位下移情况。

（3）待罐内液体全部流至井筒内用上述方式再次向管内加药，直到单井加药量满足要求后将螺旋推进管旋转移回连接管内。

（4）关闭套管阀门，拆除加药装置即可。

5）注意事项

（1）连接平衡推进式环保加药器注意所连接井的套压，避免压力超过平衡推进式环保加药器压力造成不必要的损失。

（2）及时关闭加药阀，避免造成人身伤害及环境污染。

（3）流程过程中，注意操作的正确性。

3. 实施效果

该装置避免了加药时在套管无压条件向井内灌入药液，造成空气污染及对员工的人身伤害，同时也解决了高压泵车向井内注入药液不安全，施工时既浪费能源又耗费人力的问题。该成果于2013年获大庆油田第三采油厂创新创效优秀技术革新二等奖。

第三十一节　井口连接器清洗专用扳手

1. 问题的提出

井口连接器的保养是每个低压测试工的日常基本工作，在保养井口连接器过程中，完整的拆卸一次需要使用6种专业工具，每次保养、给工作带来十分的不便，所以我们研制了井口连接器清洗专用扳手。

2. 革新内容

1）井口连接器专用扳手结构

结构由6mm、12mm、14mm、22mm开口扳手，19mm套筒扳手，钩扳手六部分组成，如图3–102所示。

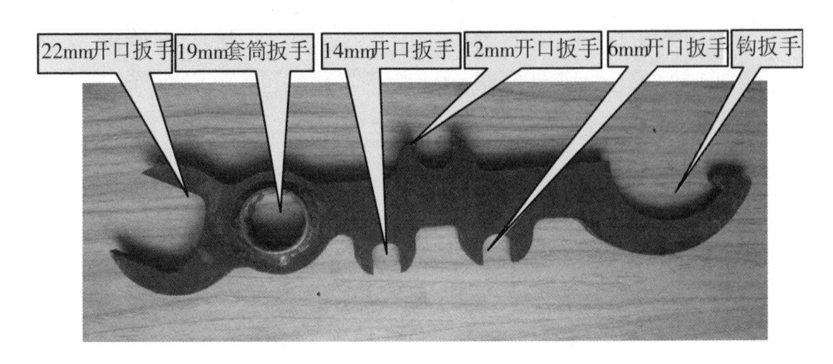

图 3-102　井口连接器专用扳手

2）井口连接器专用扳手各部分作用

如图 3-103 所示。

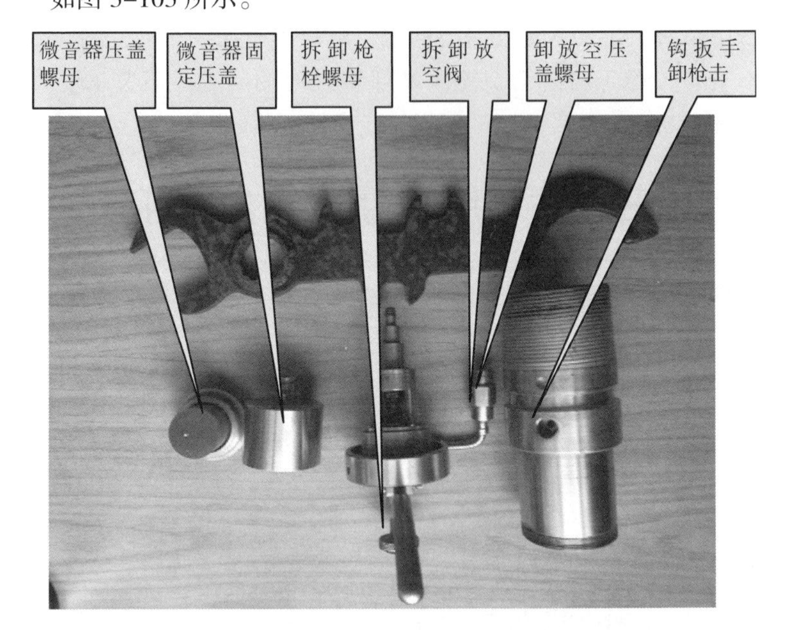

图 3-103　井口连接器清洗专用扳手各部分作用

（1）6mm 开口扳手：用来拆卸枪栓螺母。

（2）12mm 开口扳手：用来拆卸放空压盖螺母。

（3）14mm 开口扳手：用来拆卸放空阀。

（4）22mm 开口扳手：用来拆卸微音器压盖螺母。

（5）19mm 套筒扳手：用来拆卸微音器固定压盖。

（6）钩扳手：紧固各连接部位。

3）井口连接器专用扳手技术参数

井口连接器专用扳手长 300mm、宽 40mm、厚 7mm。

4）操作步骤

（1）拆卸枪机扳手螺丝时，使用 6mm 开口扳手。

（2）在拆卸井口连接器放空时，使用 12mm、14mm 开口扳手。

（3）微音器压盖时，使用 22mm 开口扳手。

（4）微音器固定螺母时，使用 19mm 套筒扳手。

（5）在拆卸井口连接器短节时，使用钩扳手。

3. 实施效果

通过将 6 种工具巧妙的组合在一起，解决了复杂的操作过程，只需一样工具即可完成 6 种扳手的工作，同时专用扳手在连接器被油堵塞的情况下也可进行疏通工作，节约大量工作时间，降低劳动强度。这种专用扳手已经在测试队使用。该成果于 2014 年获大庆油田重大技术革新三等奖；2016 年获国家实用新型专利。

参考文献

[1] 大庆油田有限责任公司。采油测试工（油气生产单位专用）[M].北京：石油工业出版社，2013。

[2] 中国石油天然气集团公司职业技能鉴定指导中心。采油测试工 [M].北京：石油工业出版社，2009。